JN071994

中島佑悟　高濱隆輔　千田和央 著

作るもの・作る人・作り方から学ぶ

採用・人事担当者のためのITエンジニアリングの基本がわかる本

本書内容に関するお問い合わせについて

このたびは翔泳社の書籍をお買い上げいただき、誠にありがとうございます。弊社では、読者の皆様からのお問い合わせに適切に対応させていただくため、以下のガイドラインへのご協力をお願い致しております。下記項目をお読みいただき、手順に従ってお問い合わせください。

●ご質問される前に

弊社Webサイトの「正誤表」をご参照ください。これまでに判明した正誤や追加情報を掲載しています。

正誤表　https://www.shoeisha.co.jp/book/errata/

●ご質問方法

弊社Webサイトの「刊行物Q&A」をご利用ください。

刊行物Q&A　https://www.shoeisha.co.jp/book/qa/

インターネットをご利用でない場合は、FAXまたは郵便にて、下記“翔泳社 愛読者サービスセンター”までお問い合わせください。
電話でのご質問は、お受けしておりません。

●回答について

回答は、ご質問いただいた手段によってご返事申し上げます。ご質問の内容によっては、回答に数日ないしはそれ以上の期間を要する場合があります。

●ご質問に際してのご注意

本書の対象を越えるもの、記述個所を特定されないもの、また読者固有の環境に起因するご質問等にはお答えできませんので、予めご了承ください。

●郵便物送付先およびFAX番号

送付先住所　〒160-0006　東京都新宿区舟町5
FAX番号　03-5362-3818
宛先　（株）翔泳社 愛読者サービスセンター

※本書に記載されたURL等は予告なく変更される場合があります。
※本書の出版にあたっては正確な記述につとめましたが、著者や出版社などのいずれも、本書の内容に対してなんらかの保証をするものではなく、内容やサンプルに基づくいかなる運用結果に関してもいっさいの責任を負いません。
※本書に掲載されている実行結果を記した画面イメージなどは、特定の設定に基づいた環境にて再現される一例です。

※本書の内容は2020年3月1日現在の情報などに基づいています。

はじめに

「もう技術用語は見たくない。調べるたびにわからない用語が増えていくし、全体感もつかめない。だからといって、いまさらエンジニアに聞くのも恥ずかしい。でも、レジュメは読めないし応募者も集まらない。解決策が見つからず逃げ出したい……」

今、本書を手にとっていただいているあなたは、ITエンジニア（以下「エンジニア」）の採用を任された非エンジニアの方だろうと思います。そして、採用業務に取り組むにあたって、多くの方がこのような悩みを抱えているのではないでしょうか。

昨今、多くの職種で売り手市場といわれていますが、その中でも最も採用が難しい職種のひとつがエンジニアです。それと並行して重大な問題があります。それが**エンジニアリング知識を持つエンジニア採用担当者の不足**です。

ここ十数年で時代は大きく変わり、多くの企業は「選ぶ立場」から「選ばれる立場」になりました。「ざっくりとした求人票」「転職エージェントへ丸投げ」「バラまきスカウト」といった、候補者へのアプローチの数を増やし、多数の応募者の中から通す人を選ぶやり方は通用しなくなっています。母集団の枯渇、返信の来ないスカウトメール、内定辞退……。的を射ていない採用活動では、新しいサービスを使っても、業務量でカバーしようとしても、その多くが無駄になってしまいます。結果として採用がうまくいかず、現場や経営陣からはプレッシャーを受ける。これらはすごくもったいないことです。

私は採用サービスの営業として多くの採用担当者の方々とお会いしましたが、ホスピタリティと熱意にあふれ経験も豊富な方ばかりでした。「採用のプロ」だということを強く感じます。一方で、エンジニア採用においては、本来持っている能力を十分に発揮できていない方が多いと感じています。つまり、「エンジニア採用のプロ」にはなりきれていないということです。

たとえば、次のように自社の採用要件と候補者から提出された書類に書かれた用語が一致しているかどうかだけを頼りに採用業務を進めているケースを時折見かけます。

「職務経歴書に『React（リアクト）』は見つけましたが、『HTML（エイチティーエムエル）』の記載がなかったので書類選考で落としました」

これはあくまで一例ですが、ベースとなるエンジニアリング知識がなければ、経験も知見も豊富な採用担当者でも適切な採用活動ができないことは、読者の皆さまが一番おわかりになるはずです。

一方で、採用担当者がゼロからエンジニアリング知識を身に付けるのは非常に難しいともいえます。世の中にはエンジニアになるための学習コンテンツはたくさんありますが、採用担当者のための学習コンテンツはほとんどないため、採用担当者には必要のないことまで学習しなければならないからです。

本書は、このようなニーズと現実のギャップを解消するために、採用に必要な技術用語を解説したエンジニアリングの教科書です。**エンジニアリング知識の全体感がつかめ、用語同士の関係を理解でき、採用業務に使えるようになることを**目指しました。

本書を読むことで、書類選考や求人票の作成といった採用業務の改善にすぐに着手することができるはずです。また、エンジニアリングに対する理解度が高まり、現場にいるエンジニアとのコミュニケーションが増え、採用施策もうまく回り出すという好循環が生まれます。結果、エンジニア採用を得意とする採用担当者として、高い市場価値を獲得できるようになります。

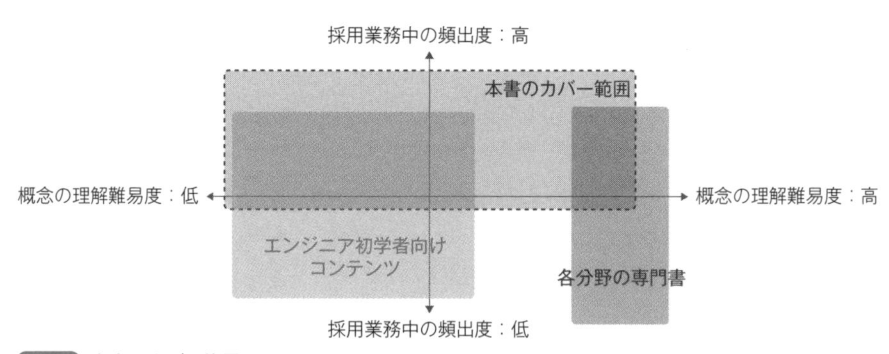

図0-1 本書のカバー範囲

本書では複数の採用サービスから出現数の多い用語を選定し、**「採用のための**

エンジニアリング知識」として紹介しています。また、それらを採用と結びつけるための考え方をあわせて紹介していきます。

それらの知識に対して、全体像がつかめ、用語同士の関係が理解しやすいよう、図0-2のような構成にしています。

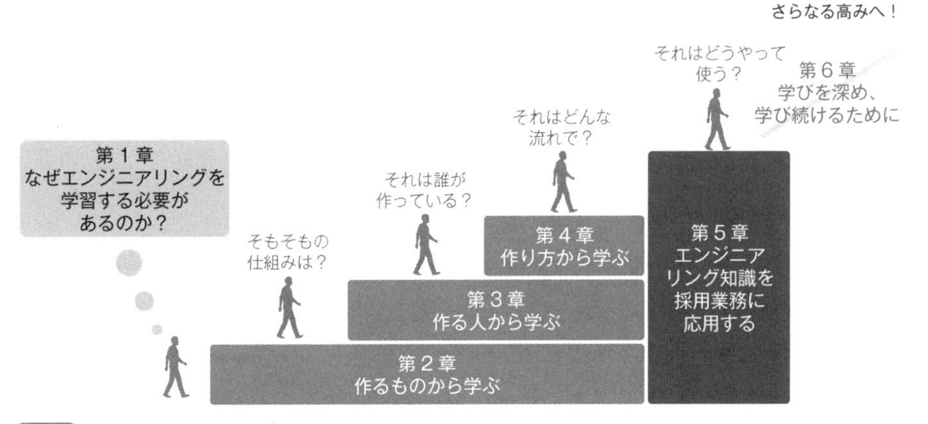

図0-2 各章での学習ステップ

第1章では**エンジニア採用の前提となる知識**と、**非エンジニアである採用担当者がエンジニアリングを学習しなければならない理由**について解説します。

第2章から第4章では、**Webアプリケーションの構造・職種・開発工程という3つの側面から、エンジニアリングに関する用語**を整理して解説します。

第5章では**実務への応用方法**を、そして最後の第6章では**自分で学び続ける方法**をお伝えします。

2019年にプログラミングスクール7社と「採用のためのエンジニアリング勉強会」を開催したところ、2カ月で600名を超える応募がありました。その後も各スクールで有料講座が開かれたりと、採用担当者向けのエンジニアリング学習は1つのビジネスマーケットとして動き出そうとしています。

本書がエンジニア採用に悩む採用担当者の方に役立つ学習コンテンツの先駆けとなり、結果としてエンジニアと企業の良いご縁につながればこれほどうれしいことはありません。

目次

はじめに …… iii

基礎編
第1部

基礎編 第1章

なぜエンジニアリングを学習する必要があるのか？

エンジニアの求人倍率が急激に高まっている …… 6
>「選ぶ時代」から「選ばれる時代」へ …… 6
> 母集団の人数は想像よりずっと少ない …… 7

難しさに対応して採用手法が変化している …… 10
> コミュニケーションのチャネルを増やす …… 10
> 転職潜在層へアプローチする …… 11
> 候補者の体験を重視する …… 14

エンジニアリング知識がなければ採用は成功しない …… 16
> エンジニアリング知識の不足で想定される事態 …… 16

だからこそ、今、学習を始めましょう …… 20

本書の学習で意識してほしいこと …… 21
>“プログラミング学習”ではなく“用語学習”が重要 …… 21
> 本書による学習で目指すべき状態 …… 22

学習編

第2部

学習編 第2章

作るものから学ぶ

Webアプリケーションの構造を俯瞰する …… 31
> クライアントサイドとサーバーサイド …… 31
> リクエスト（要求）とレスポンス（応答） …… 32
> ブラウザとWebアプリケーションサーバー …… 33
> OSとインフラ（デバイス） …… 35

プログラミング言語を深掘りする …… 38
> クライアントサイド（フロントエンド）系 …… 40
> サーバーサイド系 …… 44
> モバイル系 …… 48
> その他のプログラミング言語 …… 49

ライブラリとフレームワークを深掘りする …… 57
> クライアントサイド（フロントエンド）のライブラリとフレームワーク …… 58
> サーバーサイドのライブラリとフレームワーク …… 59
> その他のライブラリとフレームワーク …… 61

データベースを深掘りする …… 66
> RDBMS（Relational DataBase Management System） …… 67
> NoSQL（Not only SQL） …… 68

OS（Operating System）を深掘りする …… 71
> PCに搭載されるOS …… 72
> モバイルデバイスに搭載されるOS …… 73

インフラを深掘りする …… 75
> パブリッククラウドサービス …… 76
> その他の代表的なソフトウェア・サービス …… 79

学習編 第3章

作る人から学ぶ

職種を俯瞰する …… 90

> 受託会社と事業会社 90
> 人のマネジメントと技術のマネジメント 92

扱う領域に紐づく職種を深掘りする 94
> フロントエンドエンジニア 94
> サーバーサイドエンジニア 95
> データベースエンジニア 96
> インフラエンジニア 97
> SRE（Site Reliability Engineering） 97
> モバイルエンジニア 98
> 組み込みエンジニア 98
> ネットワークエンジニア 99
> セキュリティエンジニア 99
> QAエンジニア 100
> 機械学習エンジニア、データサイエンティスト 101
> ゲームエンジニア 101
> AR・VRエンジニア 102
> ブロックチェーンエンジニア 102
> フルスタックエンジニア 103

マネジメントや職位に関連する職種を深掘りする 105
> プロダクトマネージャー 105
> プロジェクトリーダー 106
> プロジェクトマネージャー 106
> スクラムマスター 107
> プロダクトオーナー 107
> アーキテクト 107
> エンジニアリングマネージャー 107
> エキスパート／スペシャリスト 108
> テックリード／リードエンジニア 108
> CTO（Chief Technology / Technical Officer） 108
> VPoE（Vice President of Engineering） 109

学習編 第4章

作り方から学ぶ

開発工程を俯瞰する 118
> 企画・課題発生 119
> 要件定義 120
> 設計 122
> 実装 123

> テスト 123
> デプロイ・公開 124
> 保守・運用 124

チーム開発の指針となる概念を深掘りする 126
> ウォーターフォール 126
> アジャイル 127

システム設計や実装の指針となる概念を深掘りする 130
> ドメイン駆動設計（Domain-Driven Design/DDD） 130
> テスト駆動開発（Test-Driven Development/TDD） 130

開発を支援する概念とツールを深掘りする 132
> バージョン管理システム 132
> SVN（Apache Subversion） 133
> Git 133
> プロジェクト管理 134
> CI（Continuous Integration）/CD（Continuous Delivery） 136
> インフラ環境構築 137
> データ管理・収集・可視化 139
> エディタ、IDE 140

応用編

第3部

応用編 第5章

エンジニアリング知識を採用業務に応用する

エンジニア採用の担当者としてのレベル 153
> レベル0：ワーカー 153
> レベル1：セクレタリー 154
> レベル2：パートナー 157
> レベル3：プロフェッショナル 160

採用業務への応用 165
> エンジニア組織の課題と必要なスキルの把握 165
> 差別化と魅力の訴求 167
> エンジニアにとってより魅力的な会社へ 172

応用編 第6章

学びを深め、学び続けるために

エンジニアと会話しよう 177
- 自分が勉強していることを伝える 178
- 目的と仮説を伝える 179
- 実際にモノを見せる 179

エンジニアのアウトプットを学習コンテンツにする 180
- Qiita（https://qiita.com/） 180
- はてなブログ（https://hatenablog.com/） 181
- note（https://note.com/） 182
- Twitter（https://twitter.com/） 182
- Speaker Deck（https://speakerdeck.com/） 183

学習サービスを利用する 184
- プログラミングスクール 184
- オンライン学習系 186

おわりに 188

索引 189

執筆者一覧 193

読者特典のご案内

本書をご購入いただいた方に、「単語リスト」をご提供致します。特典を提供するWebサイトは次の通りです。

https://www.shoeisha.co.jp/book/present/9784798165318

●注意

※会員特典データのダウンロードには、SHOEISHA iD（翔泳社が運営する無料の会員制度）への会員登録が必要です。詳しくは、Webサイトをご覧ください。

※会員特典データに関する権利は著者および株式会社翔泳社が所有しています。許可なく配布したり、Webサイトに転載することはできません。

※会員特典データの提供は予告なく終了することがあります。あらかじめご了承ください。

※会員特典データに記載されたURL等は予告なく変更される場合があります。

基礎編

第1部

基礎編

第1章

なぜエンジニアリングを学習する必要があるのか？

本章では学習に入る前の準備として、非エンジニアである採用担当者がエンジニアリング知識を学習する必要性について考えていきます。

本書を手にとっていただいている方からは、「学習の理由なんて、今まさに業務で困っているからに決まっているだろう！」といった声も聞こえてきそうです。ところが、エンジニアリング知識を学習する理由は、何を重点的に学習するかといった優先順位や、どのように学習を進めるべきかという方法の話と密接に関わっているため、きちんと考える必要があります。また、学習が必要な理由を改めて考察することで、学習へのモチベーションも高まるはずです。

まず大前提として、エンジニアのような専門職の採用には、当然ながらそれに関する専門知識が必要です。採用要件の定義、求人票の作成、面談や選考……、そうしたフローの中でエンジニアの業務内容を考えたり、実際に社内外問わずエンジニアと接したりする必要があるわけですから、専門知識を使わなければならない状況は必ず発生します。そのため、採用要件の作成やスカウトメールの執筆といった候補者へのアプローチ、さらに面談や選考はエンジニア部門のマネジメント職をはじめとした専門知識のあるメンバーが担当し、採用計画の立案や採用業務の管理を人事部のメンバーが担当する役割分担が理想の形です。

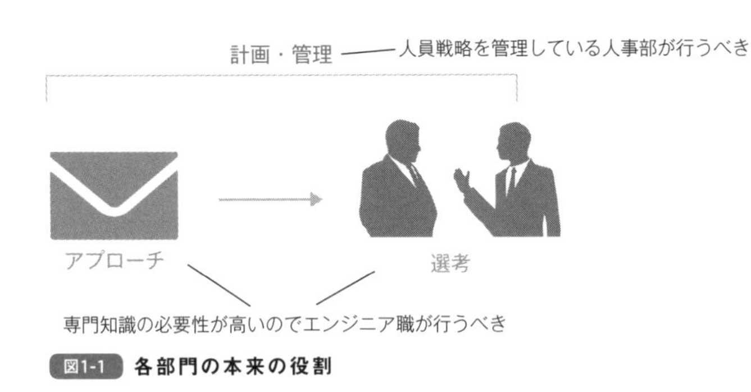

図1-1 各部門の本来の役割

しかし、この体制が実現できている企業は、現状では非常に少ないといえます。採用への意識が高いエンジニアであれば時間のあるときに業務を手伝うこともありますが、実際はマネジメント職で採用ミッションを任されたエンジニアでさえ開発業務の忙しさを理由に、採用活動に消極的であることが往々にしてあります。結果的に専門知識のない非エンジニアである採用担当者が候補者へのアプローチ業務を担うことになり、選考に入った段階でエンジニアに任せるといった業務分担をしている企業が大半です。

「そんなこと言われても、これまではこの体制、知識レベルで何とか採用ができていた」と思われる方もいらっしゃるかと思います。確かに一昔前まででであれば、「Javaのサーバーサイドエンジニア」といった基本的なキーワードだけでも、転職エージェントの助けを借りたり広めに募集をかけたりすることで多数の候補者からの応募がありました。

しかし、求人倍率が異常に高まっている昨今の採用環境では、そもそも応募してもらえるように、多くの採用競合の中で勝ち抜かなければなりません。これによって、認知の獲得、訴求内容の作成、施策の選定、求人広告やスカウトサービスの利用といった採用活動全体の質を上げる必要が高まっており、現場の要望を正しく汲み取ったり技術的な内容を扱う面談での候補者体験を担保したりするためには、社内外のエンジニアと適切なコミュニケーションをとれるようになる必要性があります。そして、適切なコミュニケーションをとるためにはエンジニアリング知識とその応用方法の理解が必要不可欠です。

本章では、この採用環境の変化についてひとつずつ掘り下げて見ていきます。

エンジニアの求人倍率が急激に高まっている

>「選ぶ時代」から「選ばれる時代」へ

いきなりですが、日本にエンジニアという職種で働く人がどのくらいいるかご存知でしょうか。2016年の調査によると、日本のエンジニアの総人口は約92万人といわれています[1]。同年の労働力人口は6,830万人[2]ですので、労働力人口に占めるエンジニアの割合は約1.2%になります。

パーソルキャリア『転職求人倍率レポート』によると、2019年度のエンジニアの求人倍率は10倍[3]を超えています。つまり、単純計算で満足に採用ができている企業は10社に1社しかなく、仮に10ポジションを募集しているのであれば、採用できるのは1ポジションだけという市場感です。

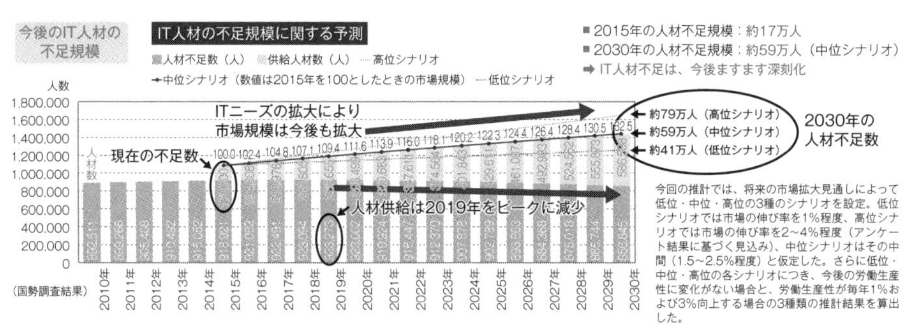

出典：経済産業省『IT人材の最新動向と将来推計に関する調査結果』
URL https://www.meti.go.jp/policy/it_policy/jinzai/27FY/ITjinzai_report_summary.pdf
図1-2 IT人材の不足規模に関する予測

---

1 経済産業省『IT人材の最新動向と将来推計に関する調査結果』より
https://www.meti.go.jp/policy/it_policy/jinzai/27FY/ITjinzai_report_summary.pdf

2 統計局『労働力調査 平成30年平均結果の概要 Ⅰ 基本集計』より
https://www.stat.go.jp/data/roudou/report/2018/pdf/summary1.pdf

3 パーソルキャリアdoda『転職求人倍率レポート』より
https://doda.jp/guide/kyujin_bairitsu/data/

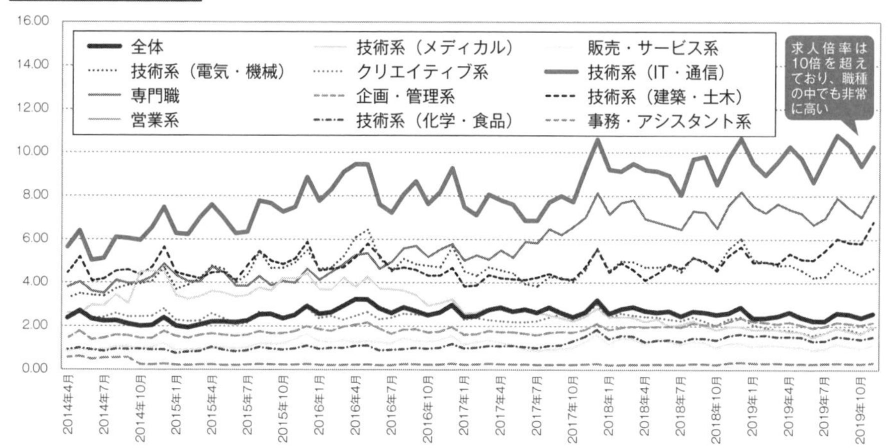

出典：パーソルキャリアdoda『転職求人倍率レポート』
URL https://doda.jp/guide/kyujin_bairitsu/data/
図1-3 職種別の転職求人倍率

この倍率は、2014年は約6倍という数値でした。たったの5年で約6倍から約10倍に変化しています。そして、この需要は今後さらに大きくなると予想されています[4]。

このことから、現時点でうまくいっていない採用の体制や手法などを続けていれば、今後はさらに人材の獲得が困難になることが容易に予測できます。「何かのきっかけで、良い人材がいつか応募してきてくれる」。そんなことを待っていても、実現する可能性は時間とともに低くなるばかりです。まさに「選ぶ時代」から「選ばれる時代」になっているのです。

>母集団の人数は想像よりずっと少ない

さて、エンジニアはそもそも人数が少なく、求人倍率が高いことは理解できたかと思います。その上で、「92万人もいるのであれば、とにかくリーチを増やせばいいじゃないか」と思われるかもしれません。

4　経済産業省『IT人材の最新動向と将来推計に関する調査結果』より
https://www.meti.go.jp/policy/it_policy/jinzai/27FY/ITjinzai_report_summary.pdf

ここで、さらにエンジニアの採用市場に関する解像度を上げてみましょう。以下のケースを仮定し、採用対象となるエンジニアの人数（母集団の人数）を推定してみます。

Python（パイソン）が使えるエンジニア / 東京勤務 / ミドル層以上の中途採用

先ほど見た通り、日本国内のエンジニアの数を92万人とします。その中で「Pythonというプログラミング言語を使うことができる」エンジニアの人数を算出してみると、図1-4からおおまかに約92万人×約19%=約17.5万人となります。

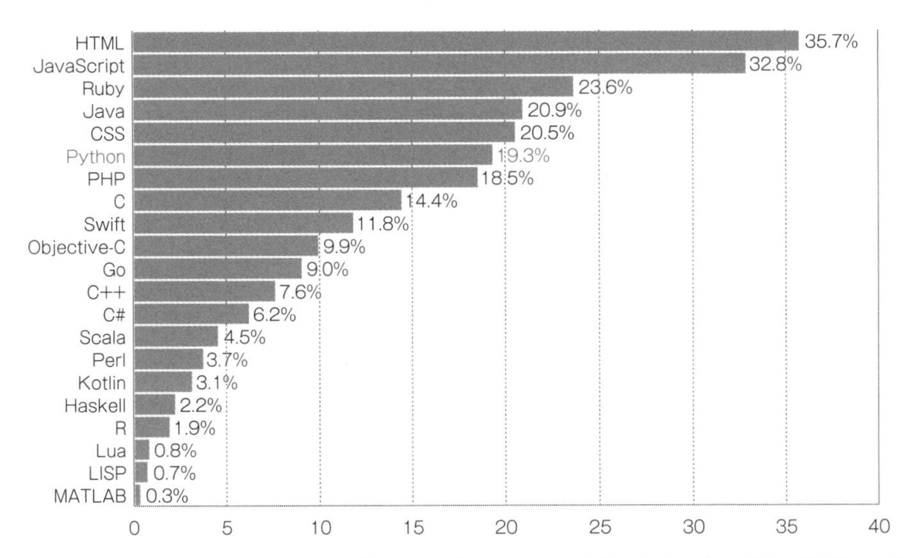

出典：LAPRAS HR TECH LAB「国内エンジニアのスキル分布　特定のプログラミング言語のスキルを持った人はどれくらいいるのか?」
URL https://hr-tech-lab.lapras.com/analysis/hr-data-analysis-3/
図1-4 国内エンジニアのプログラミング言語別スキル分布

次に「東京勤務」を「東京在住」と読み替えると、全体に占める割合は約11%[5]となり、約17.5万人×約11%=約1.92万人まで大きく減ることになります。

続いて「ミドル層以上」という条件について考えます。スキルの評価は定義に

5　総務省統計局 編集『日本の統計 2020』（日本統計協会）より

よっても変わりますが、ここでは上位50％以上に入る能力を持つ人を「ミドル層以上」だとしましょう。すると、約1.92万人の半分ですので約0.96万人となります。

最後に「中途採用」を考慮し、転職活動中のエンジニアの割合として約12％[6]を掛け合わせます。すると、最終的に採用対象となるエンジニアの人数は約0.96万人×約12％＝約0.115万人（1,150人）となります。

もちろん、自社の採用要件や技術力の定義によってもこの推定値は変わるでしょう。また、エンジニアは首都圏に集中しているといった点を考慮すれば、もっと正確な数字が出せるかもしれません。そういった細かい点はさておき、ここでいいたいことは、倍率が高いだけでなく、**そもそも採用の対象となるエンジニアの母集団の人数が想像よりもずっと少ない**ということです。Pythonは決してマイナーなプログラミング言語ではありませんが、それでも採用の母集団は高々4桁に収まってしまうのです。

6　厚生労働省『平成30年雇用動向調査』より「産業別の入職と離職」の「情報通信業」の「離職率」を利用
https://www.mhlw.go.jp/toukei/itiran/roudou/koyou/doukou/19-2/index.html

難しさに対応して採用手法が変化している

前節で述べたような少人数しかいない母集団に対して雑なアプローチを仕掛けても、コンタクト可能な人にはすぐに当たり尽くしてしまうため、ほとんど反応をもらえないままに打つ手がなくなってしまいます。

こうした背景の中で採用を成功させるためには、**採用活動を戦略的に進め、アプローチの質を向上させる施策に取り組む**必要があります。この考えのもと昨今では採用の手法が変化してきています。本節ではこうした変化について、理解のために必要になる概念を含めて解説します。

>コミュニケーションのチャネルを増やす

これまでは応募する側であるエンジニアも、採用する側である企業も、「転職エージェント」を利用することがほとんどでした。しかし、近年ではエンジニアに限らず、転職する際の手段が多様化しています。この転職のための手段、あるいは企業側から見たときの採用のための手段を採用チャネルと呼ぶことにしましょう。

前節で「Pythonが使える東京在住のミドル層以上のエンジニア」を中途採用しようとしたときに、市場におよそ1,000人しか対象者がいないという試算を行いました。しかし、多くの採用チャネルが使われている昨今、その1,000人全員に1つの採用チャネルから接触できることはありえないでしょう。そのため、1,000人のうち出来る限り多くの候補者に接触するために、企業側も多くの採用チャネルを用意しておく必要があります。

採用チャネルには、主なものに絞っても次のような種類があります。

- 自社のWebサイトでの求人ページ
- 転職エージェント
- 求人媒体の掲載広告

- ダイレクトリクルーティング（スカウト）
- ソーシャルリクルーティング
- 社員へのリファラル
- 勉強会やイベント

特に目新しいものとしては**ソーシャルリクルーティング**と呼ばれる採用手法でしょう。これは、採用候補者が普段使っているSNSを通じて直接声をかけることによって採用につなげる手法の総称です。具体的にはGitHubやTwitterといったSNSが使われることが多く、特定のSNSを使った採用活動を「GitHub採用」や「Twitter採用」などと呼ぶこともあります。

また、候補者側が転職を目的としてSNSを利用することもあります。たとえば、Twitterで「#Twitter転職」というハッシュタグで検索してみると、具体的にどのような使い方をされているかを確認することができます。

これ以外にも珍しい例として、Instagramや検索エンジンに求人を掲載している企業もあります。転職エージェントについても、大手のエージェントサービスだけでなく、個人エージェントを利用する企業も増えています。

＞転職潜在層へアプローチする

「Pythonが使える東京在住のミドル層以上のエンジニア」を中途採用しようとしたときに、市場におよそ1,000人しか対象者がいないという試算を踏まえた上で、この母集団をもっと増やすためにはどのようなやり方があるでしょうか。採用要件の幅を広げて対象者を増やす、採用したいエンジニアのレベルを下げる、といった方法もありますが、新しい取り組みとして注目されているのが**転職潜在層へのアプローチ**です。

本書では転職潜在層を「転職活動中ではないが、何かきっかけがあれば転職の可能性がある人たち」と定義することにします。転職活動中の人に加えて転職潜在層も施策の対象とすると、先に述べた1,000人から母集団が増えたと解釈することができます。

転職潜在層は基本的に自ら転職系のサービスに登録することはありませんが、それでもアプローチの方法はいくつかあります。たとえば、前項で取り上げたダイレクトリクルーティングやソーシャルリクルーティング、リファラル採用やイベントの開催なども転職潜在層へアプローチする方法のひとつです。
　重要なのは、「現時点では転職を意識していない人に自社を知ってもらい、興味を持ってもらう。その上で、自社への転職を検討してもらう」という順序で候補者の意識を変えていかなければ、転職潜在層を採用することはできないということです。
　この意識の変化に関連するものとして、消費財などのマーケティングの領域ではAIDMAやAISASといった態度変容のモデルがよく知られています。これを採用に応用すると、「自社を知ってもらう」といった認知形成の段階や、「興味を持ってもらう」といった興味喚起の段階を、採用プロセスの中で意識することができるようになります。
　特に認知形成や興味喚起を強く意識した取り組みの代表的なものとして、図1-5のような**採用ピッチ資料（会社紹介資料）を公開する**やり方があります。具体的には、自社の紹介資料を作成して公開し、エンジニアからの認知と興味を獲得する取り組みです。「採用広報」というキーワードのもとに紹介されることもあります。
　これ以外にもテックブログでの技術的な記事の公開や、勉強会やカンファレンスへの登壇、ボードゲーム会や食事会、CTO（Chief Technology Officer：最高技術責任者）によるSNSでの発信など、多種多様な取り組みが盛んになってきていますが、これらも認知形成や興味喚起のための施策として整理されます。なお、これらの取り組みを総称して「採用マーケティング」あるいは「採用ブランディング」と呼ぶこともあります。
　このようにして、転職活動中の人や転職潜在層など、さまざまな人が採用候補者として扱われるようになると、自社にとって候補者がどのような状態であるかという情報をうまく管理する必要があります。候補者の選考ステータスを管理するという文脈では、**ATS**（Applicant Tracking System：採用管理システム）と呼ばれるツールが積極的に利用されるようになっています。たとえば、ある候補者が今カジュアル面談を終えて1次選考に進む直前で、カジュアル面談の担当者は誰で、担当者の申し送りは何で……といった内容を管理するために使うイメージです。
　ここからさらに発展して、候補者が選考に入るずっと手前から候補者を意識した施策を打つためには、さらに多くの情報を管理する必要があります。たとえば、自社が先日開いた技術イベントに参加してくれた人はすでに自社との接点を持っていますから、何も接点がない人とは区別して管理するのが望ましいです。

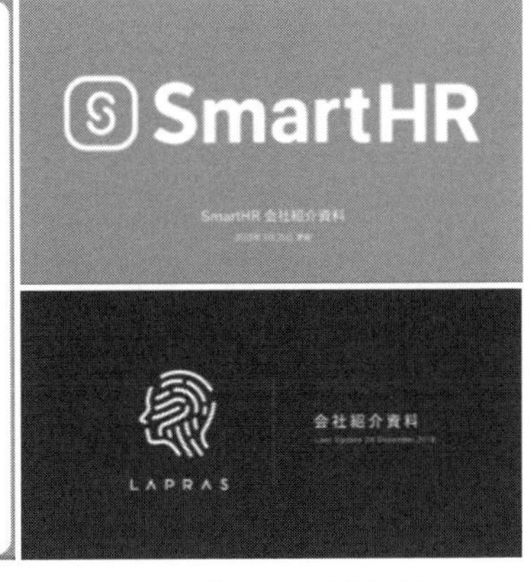

出典：「ミラティブCTOからの採用候補者様への手紙／ mirrativ-letter-from-CTO」（左）
URL https://speakerdeck.com/hr_team/mirrativ-letter-from-cto
「SmartHR会社紹介資料 / We are hiring」（右上）
URL https://speakerdeck.com/miyasho88/we-are-hiring
「LAPRAS会社紹介資料/LAPRAS-Company-Profile」（右下）
URL https://speakerdeck.com/lapras/lapras-company-profile

図1-5 Mirrativ、SmartHR、LAPRASの採用ピッチ資料

こうした情報の管理のために、海外を中心に**CRM**[7]（Candidate Relationship Management）と呼ばれるツールが使われ始めています。

CRMのようなツールはまだまだ発展途上ですが、先進的な取り組みがいくつも検討されています。たとえば、Webマーケティングでよく用いられる手法を応用した機能として、上記で紹介した「採用ピッチ資料」のような資料を自社のWebサイトなどでダウンロードするとWebトラッキングが行われ、候補者が再度自社のWebサイトや自社のテックブログなどにアクセスした場合にそのことを検知し、そのタイミングで自動でスカウトやイベントへの招待といったアプローチを行うといった仕組みなどがあります。

ATSやCRMを使って集めた候補者の情報は、もちろん候補者へのアプローチの質を高めるためにも利用されます。たとえば、「Aさんがカジュアル面談を担当すると選考に進んでくれる確率が高いから、Aさんのカジュアル面談での候補者への訴求方法を他の社員に展開してもらう」という担当者分析の施策や、「サ

7　顧客関係管理という意味で使われるCRM（Customer Relationship Management）との区別のためにTalent CRMやRecruiting CRMという呼称が使われることもあります。

イトB経由での広告からの求人応募サイトへの流入より、サイトC経由での流入のほうがその後に応募する確率が高いから、おそらくサイトCのほうが自社の求人が刺さりやすい人が多いだろう。だからサイトCにいる人に優先的にスカウトを打とう」という媒体分析の施策などです。

まとめとして、転職潜在層へのアプローチを含めて、転職活動の開始や選考フェーズのはるか前の段階から候補者に接触することが注目されており、そのためのツールも発達してきているという業界の流れを把握しておきましょう。

>候補者の体験を重視する

ここまでの説明から、転職潜在層などを意識することで採用の母集団と解釈できる対象が広げられることは理解できたかと思います。では、広がった母集団に対して、とにかく闇雲なアプローチを仕掛け続ければいいのかというと、そんなことはありません。現在では、図1-6で説明されるような**CX**または**採用CX**という考え方に基づき、候補者の体験を重視することが採用業界で当然のこととなりつつあります。ここでいうCXとは、Candidate Experienceの略で、文字通り候補者の体験のことを指します。

自身が候補者側として採用プロセスを体験したことがあれば共感できるかと思いますが、次のような出来事は候補者の体験を著しく損ねます。

- テンプレートそのままの誰にでも当てはまる内容のスカウトメールが送られてきた
- 面接をすっぽかされた
- 「どうしても話をしたいです！」と言われて面談に行ったら志望動機を聞かれた

このような体験をした候補者は、次回以降の転職時にも悪い印象を引きずり、二度とその会社に応募することはないでしょう。また最悪のシナリオとして、転職の口コミサイトや知人のエンジニア間での噂を通じて、その会社の悪評が広がってしまうことも想定しておかなければなりません。実際にTwitterをはじめとしたSNS上では、具体的な社名とともに悪評が拡散されてしまっているケースも見られます。

逆に、次のような出来事はその会社への印象を少し良くしませんか。

- スカウトメールになぜ自分でなければいけないのかが書いてある
- 採用要件が明瞭に書いてあり、実際に会って話してみても嘘がない
- 担当者からの返信がとにかく早い

このような体験をした候補者は、内定に至らなくとも、その後もその会社に悪い印象を抱くことはないでしょう。良好な関係を築き続けることで、また別の機会に採用の対象になることもあれば、会社のファンとしてどこかで誰かに良い印象を伝えてくれることもあるかもしれません。

このように、候補者の体験を悪くする活動を見直し、体験を良くする活動を増やそうという考えが、採用CXの向上という文脈で広まっています。当たり前のことだと思われるかもしれませんが、採用CXの向上を徹底できている企業は決して多くありません。だからこそ、企業と候補者の接点のすべてにおいて良い体験を提供できる企業は採用がうまくいくのです。

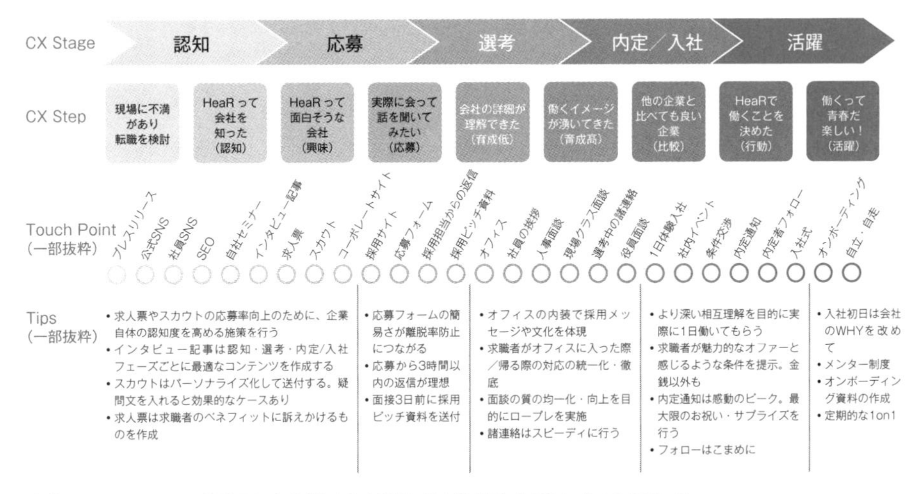

出典：HeaR inc.「明日から実践できる採用CX施策を公開!」をもとに作成
URL https://blog.hear.co.jp/n/nfe07eef39847
図1-6　採用CXの全体図

エンジニアリング知識がなければ採用は成功しない

ここまで、特にエンジニアの求人倍率が高まっていて、バラまきなどの雑なアプローチはもはや通用しなくなったこと、それに伴って採用の手法が変化してきていることを説明しました。また、候補者の体験を担保する必要性がどんどん大きくなってきていることも理解できたかと思います。

ここで本章のテーマに戻ります。なぜ、実際に開発をするわけでもない採用担当者がエンジニアリングを学習しなければならないのでしょうか。一言でいうと、こうした難しい状況の中で採用を成功させるためには、**社内外のエンジニアと適切にコミュニケーションをとる必要性が極めて大きく、そのためにはエンジニアリング知識が必要だから**です。

まず採用候補者であるエンジニアのことを考えると、求人票をはじめとした文字ベースのやり取りをするときにも、実際に面談で会って会話をするときにも、エンジニアリング知識がなければ適切なコミュニケーションがとれません。さらに、候補者に良い体験をしてもらいながらエンジニア採用を成功させるためには社内のエンジニアの協力が不可欠ですが、エンジニアリング知識がなければ社内のエンジニアとも円滑なコミュニケーションをとることができません。こうした状況を踏まえると、非エンジニアである採用担当者であっても、基本的なエンジニアリングに関する知識を身に付けておかなければならないのです。

そもそも、エンジニアとしての業務を経験したことがない人がエンジニア採用を担当するということは、たとえるなら英語の単語も文法も何も知らない日本人がいきなり海外に放り出されるようなもので、苦労するのは当然です。また、どんなに魅力的で優れたプレゼンテーション能力を持っている人でも、それを伝える言葉を理解していなければ伝えたいメッセージを届けることができません。

>エンジニアリング知識の不足で想定される事態

それでは、エンジニアリング知識がない採用担当者が突然エンジニア採用に取り組むことになったら、いったい何が起きてしまうのでしょうか。代表的なものとして、次のようなことが想像できます。

• 重要な事柄の表現を抽象化してぼやけさせてしまう

エンジニアリングの知識がないために、具体的に書くべきところを抽象的な表現で書いて濁してしまうことがあります。たとえば、求人票を作る際に、職務内容として「PHPを使ったシステム開発」といった表現をしてしまうことがありますが、これはとても抽象的で望ましくありません。採用担当者の求人票に置き換えてみれば、「エージェントを使った採用活動」と書いてあるのに等しく、これでは結局何をするのかわかりません。他には、得られる経験として「スキルアップになる」といった表現を使ってしまうのも良くありません。「何かを隠そうとして具体的な説明を省いているのではないか」「入社前には説明されなかったきつい業務が入社後に急に割り振られたりするのではないか」などと勘ぐられ、候補者にマイナスの印象を与えてしまうことすらあります。

• 技術への言及を避けてしまう

求人票で自社の魅力を書くときに、技術への言及を避けて「アットホームな環境です」「成長している企業です」といった、カルチャーやビジネスに関する言及に終始してしまうことがあります。エンジニアの求人票に技術への言及がない場合、むしろ「技術への理解がない会社なのではないか」と思われますし、場合によっては「エンジニアが働きづらい会社なのではないか」と判断されることさえあります。

エンジニア採用において「エンジニアを尊重しない会社だ」という印象を与えてしまうのは、絶対に避けるべきことです。営業をはじめとしたビジネス職が活躍していること自体は良いことですが、逆にエンジニアの立場が弱かったり、会社として技術への理解がなかったり、ビジネス職から開発者への要望がコロコロ変わったりするのではないかという懸念を与えてしまうこともあります。「代表がエンジニア」と記載して技術への理解がある企業であることをアピールしている求人票を見たことはないでしょうか。大半のエンジニアがエンジニアを大事にしてくれる組織で働きたいと思っているからこそ、それを満たす会社であることを伝えているのです。

・採用市場を無視した要件を作ってしまう

採用市場の状況を理解せずあれもこれもできる人が良いと条件を重ねた結果、世の中にほとんど存在しない超人のような人材を求める採用要件を作り上げてしまうことがあります。また、採用した人に入社後に何をしてほしいかが明確でないために、取りあえず何でもできる人として「フルスタックエンジニア」を募集してしまっているケースも時折見かけます。誰もが入社したいと思うくらい知名度がある企業や、それだけの人材が興味を持つような好待遇が提示できれば採用できる可能性はありますが、多くの場合は応募者が集まらないという問題に直面することになるでしょう。

このように、エンジニアリングの知識が乏しい状態では、現場から依頼された採用要件の妥当性や採用の難易度を判断することができません。また、魅力づけができていない求人では露出先を増やしても応募者が集まらず、バラまきのスカウトではどんなにメールの通数を増やしても当然返事は来ないでしょう。結果、どれだけ労力をかけてもそれに見合った結果が得られず、どんどん疲弊していくことになります。一方、受け手側の候補者も質の低い連絡が次々と来ることになり、非常に鬱陶(うっとう)しい思いをします。

費用も工数もかけてやっとの思いで面接までこぎつけたとしても、そもそも求人やスカウトの内容が的外れだと、本来のターゲットではない候補者を連れて来てしまうので、結局採用には至らず、無駄な面接の回数を重ねるだけになってしまいます。そして、なかなか採用できない状況に現場のエンジニアや役職者からプレッシャーがかかったり、開発自体が遅れて事業成長を止めてしまったりするかもしれません。

こうして、知識がないばかりに自社のエンジニア採用において何が問題なのかも把握できず、効果的な改善もできないという非常につらい状態で苦しみ続ける負のループに陥ることになります。

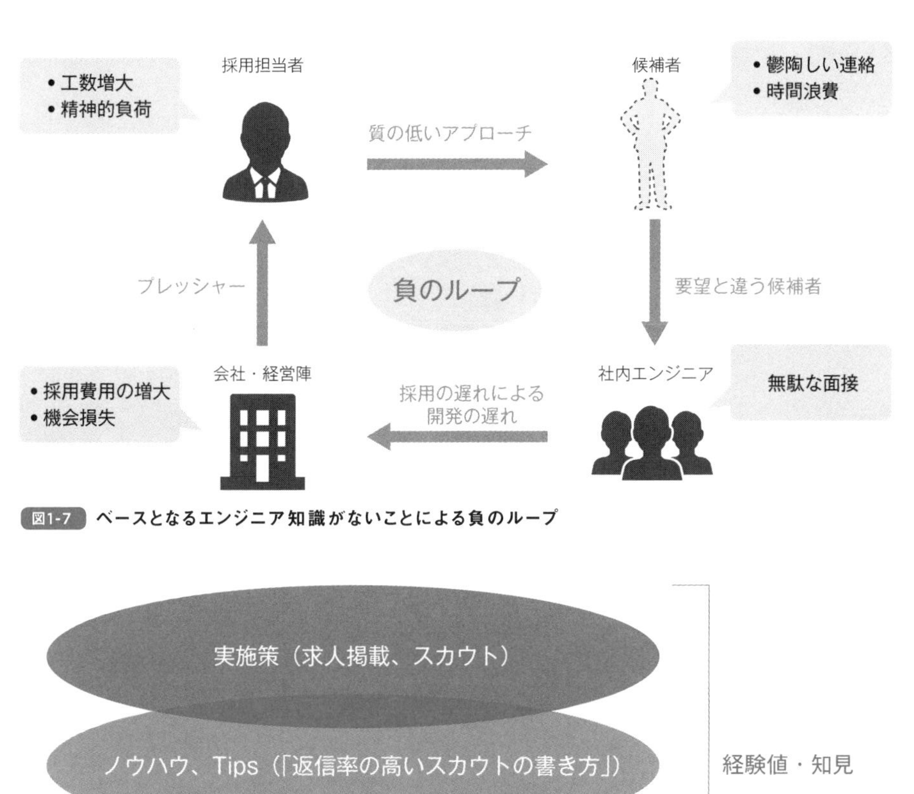

図1-7 ベースとなるエンジニア知識がないことによる負のループ

図1-8 本書の知識の立ち位置

採用のためのテクニックとしてよく取り上げられる「思わず返信してしまうスカウトの書き方」や「複数の施策を効率的に回すオペレーションの構築」といったノウハウも、基本的な知識を持った上で使わなければほとんど効果を発揮しません。ベースとなるエンジニアリング知識を身に付けることで、やっと、採用のさまざまなノウハウを活用することができるようになります。

だからこそ、今、学習を始めましょう

ここまで、エンジニアリングの知識を学習しなければならないさまざまな理由を述べてきました。しかし本章の冒頭でも述べた通り、皆さんは学習のモチベーションをすでにお持ちだったために本書を手にとっていただいたのだと思います。

こうしたモチベーションの源泉となったモヤモヤは何だったのでしょうか。応募者の職務経歴書を見るたびに、「何が書いてあるかわからなくてつらいな」と感じていたのでしょうか。もしくは「エンジニアともっと話したいけれど、何を話したらいいかわからないな」と思われていたのでしょうか。このような何となくモヤモヤした気持ちを抱えながら、業務の忙しさなどを理由に学習を始めるきっかけを見つけられずにいたのであれば、今こそが学習を始めるベストタイミングです。

エンジニアリング知識を身に付ければ現場のエンジニアとのコミュニケーションが円滑になり、採用市場への理解が深まることで経営陣に対して採用戦略を伝えやすくなり、さまざまな打ち手がうまく回り出す好循環が生まれます。実際に、飛び抜けた採用実績を出している採用担当者は例外なく、十分なエンジニアリング知識を持っています。

そして、エンジニアそのものの市場価値がすさまじい勢いで高まっている昨今、それに比例して採用ノウハウとエンジニアリング知識の両方を持つエンジニア採用担当者の市場価値もぐんぐん上がっています。

あなたがこれまで培ったさまざまな採用ノウハウや経験を最大限に活かし、自社や自分自身の価値を大きく高めるために、そして何より楽しく仕事をするために、これから一緒に学習を進めていきましょう。

本書の学習で意識してほしいこと

第2章からは、いよいよエンジニアリング知識の学習が始まります。学習に入る前に、本書を使ったエンジニアリング知識の学習で意識しておいていただきたいことをお伝えします。

>“プログラミング学習”ではなく“用語学習”が重要

採用業務のためにエンジニアリング知識を学習するにあたって重要なことは、学習のゴールとして「プログラミングができる」状態ではなく、**「用語を理解している」状態を目指すこと**です。

エンジニア採用のためのエンジニアリング知識の学習で陥りがちな失敗のひとつは、最初から「プログラミングができるようになる」ための学習を始めてしまうことです。たとえば、「rails new」「git push」のようなコマンドの知識を得たとしても、採用業務で使うことはほぼありえません。なぜ、こうした失敗が起きてしまうかというと、世の中にあるエンジニアリングの学習教材のほとんどが「エンジニアになるための学習」を目的として作られているからです。

それでは、採用業務に必要なのはどういった知識でしょうか。それは、**自社に関わりのある技術用語のざっくりとした内容と、その用語と近い他の用語との関係を理解すること**です。たとえば、「RailsはRubyのWebフレームワークで、世界的にすごくよく使われている。Python出身の人であってもやる気があればすぐ使えるようになるので、本人にRailsをやる意欲があれば採用してもまったく問題ない」といったことが説明できるだけの知識があれば、採用の可能性をより高くできるような採用要件を作ることができるようになります。

本書はプログラミング学習ではなく用語学習を行うための本です。本書を読了してもプログラミングができる状態にはなりませんが、エンジニア採用をより良くするための知識がきっと身に付いているはずです。

図1-9 本書の学習のゴール

>本書による学習で目指すべき状態

本書を読み終えたとき、採用担当者としてどのような能力が身に付いているべきでしょうか。採用業務に必要なエンジニアリング知識が正しく身に付いたら、次のようなことができるようになっているはずです。

- 自社の採用要件の技術用語の意味がすべてわかる
- 採用の背景を説明でき、入社後の実務を具体的に説明できる
- 技術視点での採用競合がわかる
- 候補者に求められるスキルの中でどの条件が難しいのかがわかる
- 候補者を惹きつける自社の技術的な強みを説明できる
- 候補者の履歴書を見てスキルや経験をイメージできる

本書を手にとっていただいている方であれば、こうした仕事ができるようになればエンジニア採用がどれだけ楽になるかをすぐに理解できるはずです。

それでは第2章からは具体的なエンジニアリングの知識について解説していきます。

学習編

第2部

第2部 学習編では、いよいよ具体的にエンジニアリング知識を学習していきます。

エンジニアリング知識を採用業務に活かすためには、まず業務でよく触れる技術用語の概要をひとつひとつ理解した上で、さらに用語同士の関係を把握しなければなりません。たとえば、ある用語がどのようなカテゴリーに包含されているか、2つの単語が業務プロセスでどのような順番で行われるかなど、用語に対してリアリティを持つことが重要です。こうした考えから、学習編では複数の視点で学習を進めていきます。

第2章ではWebアプリケーションの構造の視点から、基本的なWebサービスの仕組みと、それに関連する単語について解説します。続く第3章では職種の視点から、前章の仕組みを誰が作っているのかを解説します。最後の第4章では開発工程の視点から学習を行います。前章の知識を使いながら新しい知識に触れることで、それぞれの関係を理解していただければと思います。

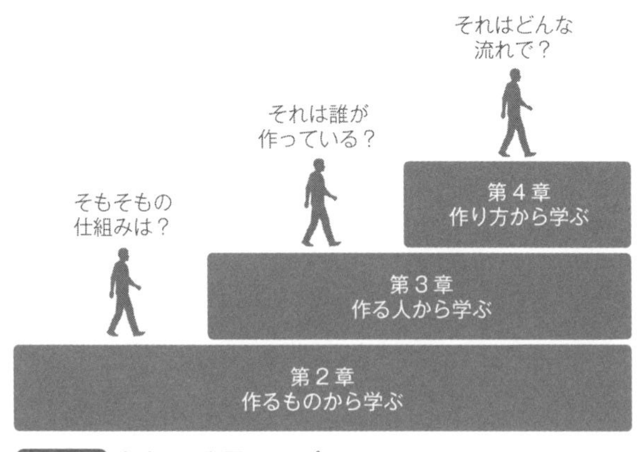

図2nd-1 **各章での学習ステップ**

それぞれの章で俯瞰して概要を理解することで全体像をつかみ、その後で特に重要なカテゴリーにフォーカスを当てて掘り下げていきます。

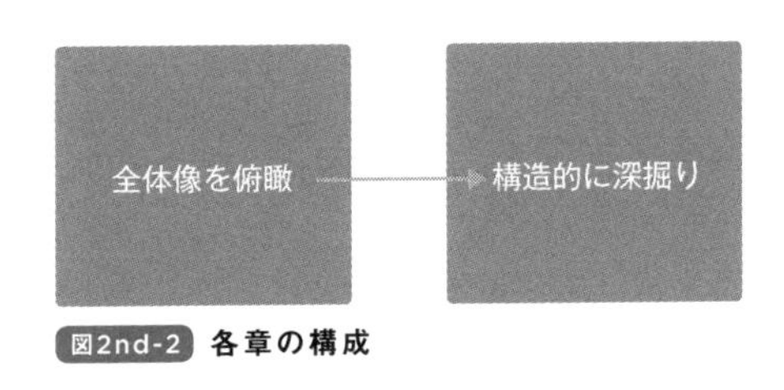

図2nd-2 **各章の構成**

これからたくさんの技術用語が出てきますが、覚えにくい用語が登場した際には、「この用語は自分の周辺でよく使う単語に言い換えるとどうなるだろう？」と考えてみてください。

たとえば、「フロントエンドエンジニア」（94ページ参照）であれば、アプリケーションのフロントエンドの開発を行う職種の名前ですので、抽象化すると「どこか特定の領域の業務を担う人の職種の名前」です。エンジニアではなく人事で例を挙げれば、「社内の人材の育成を担当する人事」などが同様の抽象度の用語に該当するでしょう。

他にも「CircleCI」（136ページ参照）は、抽象化すると「業務を効率化するための具体的なサービスの名前」ですので、人事に関わるものだと12ページで紹介したATSサービスである「HRMOS」[1]などが同様の抽象度の用語に該当するでしょう。このように、身近でイメージしやすいものに重ね合わせながら整理していくと、理解が早まります。

1 https://hrmos.co/

学習編

第2章

作るものから学ぶ

第2章では、Webアプリケーションの構造に沿って基礎的な用語を紹介していきます。全体の構成は図2-1のようになります。

Webアプリケーションの構造を俯瞰する	クライアントサイドとサーバーサイド	
	リクエスト（要求）とレスポンス（応答）	
	ブラウザとWebアプリケーションサーバー	
	OSとインフラ（デバイス）	
プログラミング言語を深掘りする	クライアントサイド	各用語
	サーバーサイド	各用語
	モバイル	各用語
	その他	各用語
ライブラリとフレームワークを深掘りする	クライアントサイド	各用語
	サーバーサイド	各用語
	その他	各用語
データベースを深掘りする	RDBMS	各用語
	NoSQL	各用語
OSを深掘りする	PCに搭載	各用語
	モバイルに搭載	各用語
インフラを深掘りする	パブリッククラウド	各用語
	その他	各用語

図2-1 第2章の構成

さまざまなデバイスの上で動く特定の目的を果たすためのソフトウェアを**アプリケーション**と総称します。特に**Webアプリケーション**は、文字通りWeb基盤を利用した何らかのアプリケーションのことを指しますが、大雑把にいうと、皆さんがPCやスマートフォンから使うWebサイトやWebサービスの総称であると考えてもらって構いません。たとえば、「ZOZOTOWN」や「クックパッド」、「Twitter」のような、普段の生活で利用する多くのサービスがこのWebアプリケーションに該当します[1]。

Webアプリケーション以外のアプリケーションには、**モバイルアプリ**や**デスクトップアプリケーション**があります。モバイルアプリは「LINE：ディズニー ツムツム」のようなスマートフォンゲームをはじめとした、アプリストアからスマートフォン本体にダウンロードして動作させるアプリケーションです。また、デスクトップアプリケーションは、「Excel」や「弥生会計」のようなPC本体にダウンロードして利用するものです。多くの場合、モバイルアプリやデスクトップアプリケーションはインターネット接続がなくとも機能の一部を利用することができますが、Webアプリケーションの利用には基本的にインターネット接続が必要です。ただ、最近ではこれらの境は曖昧になっており、モバイルアプリやデスクトップアプリケーションであっても、インターネット接続をすることで多種多様な機能を利用することができるようになってきています。

また、これまではダウンロードをして使っていたサービスも最近ではクラウド型が増え、サービスのモデルもSaaSをはじめとした形態に変化してきており、多くのサービスがWebアプリケーションと共通する構造を持つようになっています。よく受託開発やSIer企業（91ページ参照）での開発では業務系システム開発とWeb系アプリケーション開発という分け方をする場合もありますが、昨今のプロダクトは基本的にインターネットを介して機能が提供されることが多いので、共通する構造がとても多いと考えておいて問題ありません。

なお、呼び名の違いは開発において重要視されるポイントの違いを表現していることも多いです。この点は後述します。

1　これらのアプリケーションはWebアプリケーションとしてだけではなくモバイルアプリとしても提供されており、本来は区別されるべきものですが、本章ではこの部分の厳密性にはこだわらないことにします。

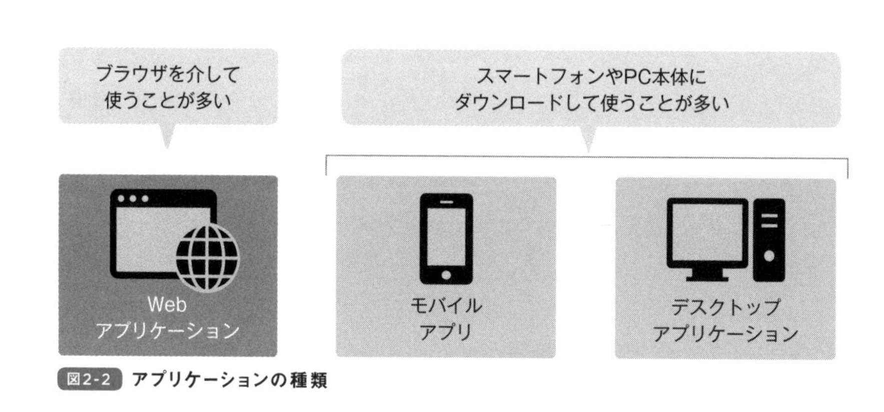

図2-2 アプリケーションの種類

さて、アプリケーションの中にもいくつかのカテゴリーがあることをお伝えしましたが、重要なのは**アプリケーションがどのように動いて機能を提供し、さらには利用者にどのように価値を提供しているかという仕組みを理解すること**です。

そこで、本章ではアプリケーションの中でも特にWebアプリケーションの一般的な構造を取り上げ、そこから徐々に詳細な用語を解説していきます。それぞれの単語を独立したものとして覚えるのではなく、それらの関係性に注目して理解すると良いでしょう。

また本章では、理解しやすいよう「洋服のECサイト」を例として用語を解説していきます。それぞれの用語がどんな役割を担っているかをイメージしながら読み進めてください。

Webアプリケーションの構造を俯瞰する

まずはWebアプリケーションの一般的な構造について見ていきましょう。第3章（職種）・第4章（開発工程）の学習でも、この構造を記憶にとどめながら読み進めると理解がスムーズになります。エンジニアリングを学習する上で土台となる知識と思ってください。

ここでは採用に必要な用語のカテゴライズのために、図2-3のような簡略化した図を用います。最低限の分類にとどめていますので、カテゴリーの大きな分類とともにそれぞれのつながりを理解してください。

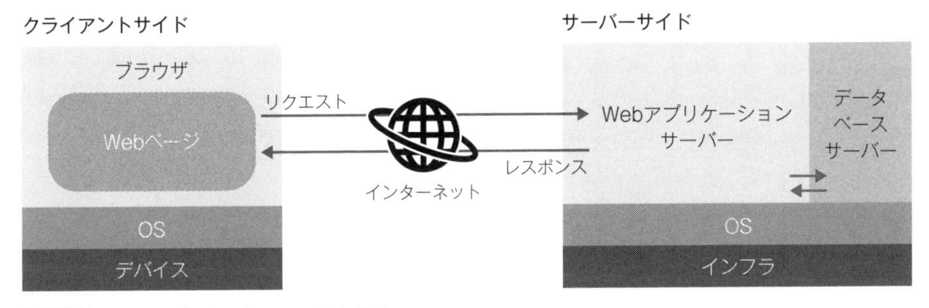

図2-3　Webアプリケーションの基本構造

全体を俯瞰するとこのような図になります。ここから順を追ってそれぞれの要素を確認していきましょう。

>クライアントサイドとサーバーサイド

まず大きな分類として、何らかのサービスを受ける側を**クライアントサイド**、何らかのサービスを提供する側を**サーバーサイド**と呼びます。クライアントの本来の意味は何かを要求する側の総称ですが、採用文脈では多くの場合、「サービスを利用しているユーザーの側」だと思って問題ありません。洋服のECサイトに当てはめると、Webサイトを見るユーザー側がクライアントサイド、インターネットの先にあり、数秒の間にいろいろな処理を行うECサイト側がサーバーサイドです。

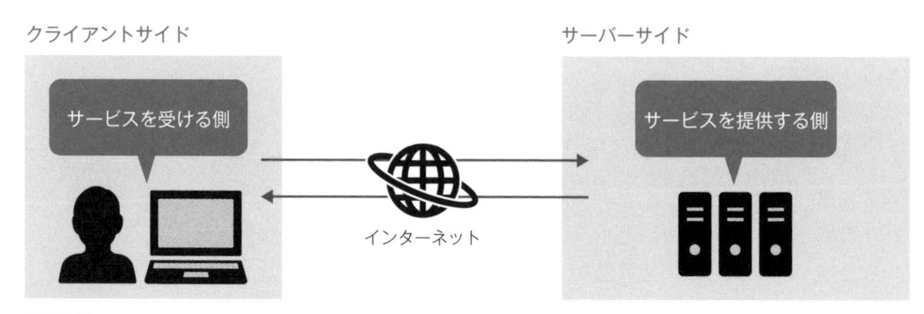

図2-4 クライアントサイドとサーバーサイド

>リクエスト(要求)とレスポンス(応答)

次に、クライアントサイドとサーバーサイド間のデータのやり取りのことを**リクエスト**と**レスポンス**という用語を使って表します。クライアントからの要求をリクエストと呼び、サーバーの返答をレスポンスと呼びます。

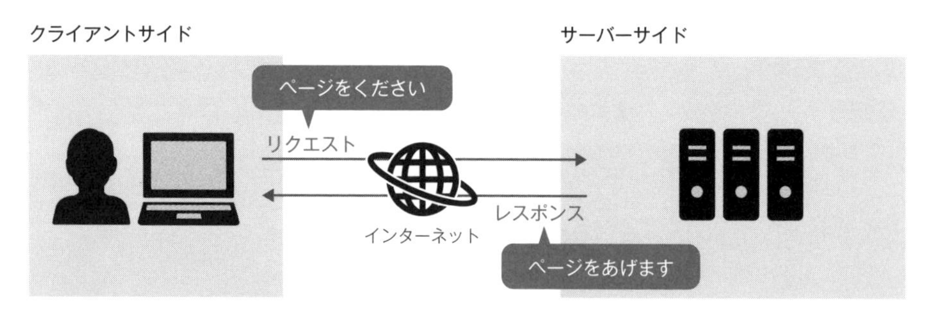

図2-5 リクエストとレスポンス

洋服のECサイトに当てはめると、Webサイトを見るユーザー側からの「Webサイトのトップページのテキストや画像をください」といった要求のことをリクエストと呼び、要求されたテキストや画像などの情報を返すことをレスポンスと呼びます。

Webサイトの URL の中などで**HTTP**や**HTTPS**という表記を目にしたことがあるかもしれませんが、これらは**プロトコル**といって、「どんなルールでリクエストやレスポンスを行うか」を定めたものです。データ通信のためのプロトコルで、HTTP以外にも代表的なものとして**TCP**、**FTP**、**SSH**などがあり、それぞれ得意なことや用途が異なります。コミュニケーションの前提として、「これから英語で話しますから、そちらも英語がわかる方が反応してくださいね」ということを取り決めているようなイメージです。HTTPとHTTPSの主な違いは通信内容を暗号化するかしないかです。HTTPは通信内容が暗号化されないため、たとえば通信内容を第三者に傍受された場合には内容が筒抜けになってしまいます。

採用文脈では、プロトコルの種類やHTTPとHTTPSの違いといった詳細な事柄まで覚えておく必要はありません。また、インターネットを介した通信にはIPアドレス、DNS、URLといった概念も関わっていますが、こうした概念も採用業務で使うことはほとんどありません。ここではまず、リクエストとレスポンスという情報のやり取りの大きな構造があることだけを理解しておきましょう。

>ブラウザとWebアプリケーションサーバー

ここまで、クライアントサイドがリクエストし、その要求に対してサーバーサイドがレスポンスするという話をしてきました。洋服のECサイトでは、「Webサイトのトップページのテキストや画像をください」という要求に対して、Webサイトのトップページのテキストや画像を返すというやり取りです。

ここからは具体的な役割を見ていきましょう。リクエストを送り、レスポンスを受け取る役割を果たすのが**ブラウザ**です。ブラウザにはMicrosoft Edge、Google Chrome、Firefoxなどがあります。これらの単語は聞き慣れている人も多いのではないでしょうか。反対にリクエストを受け取り、レスポンスを返すサーバー側の役割を果たすのが**Webアプリケーションサーバー**です。この2つの役割が情報のやり取りを行い、最終的に人間（ユーザー）が理解できる形でブラウザがWebページを表示します。

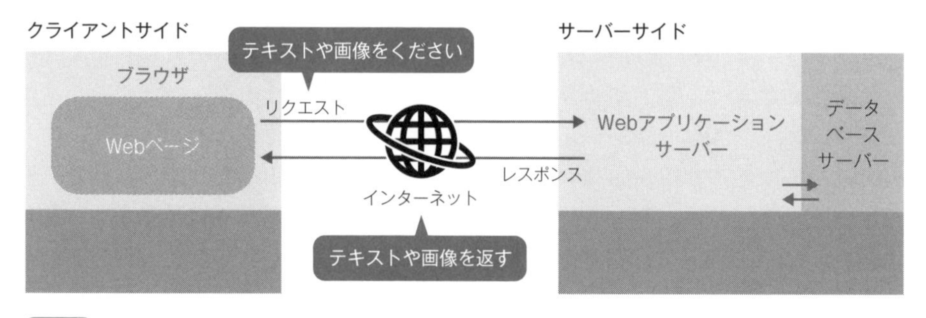

図2-6 ブラウザとWebアプリケーションサーバー

普段ブラウザを利用するときはブックマークやタブのような機能を使うことが多いかと思いますが、ブラウザの本質的な役割はリクエストを送ることと、レスポンスにより送られてきたデータ（後述するHTMLやCSS、JavaScriptにより表現されるWebページの情報）を読み込んで描画（人間が見てわかりやすいように表示）することです。

このレスポンスの描画については普段から見ているWebページの仕組みとして理解しやすいと思いますので、少しだけ詳しく見てみましょう。ブラウザがどんな仕事をしているかをイメージするために、Google Chromeであれば右クリックをして出てきたメニューにある「検証」をクリックしてみましょう。そうすると、図2-7のような画面が表示されるはずです。

図2-7 ブラウザの仕事

画面右側に表示されているものが、ブラウザが実際にサーバーから受け取ったHTMLのコードです。ブラウザはこれを解釈して、画面左側のように人の目で理解できる画面として描画しています。

このことを、洋服のECサイトを例にして考えると、皆さんが普段目にしているWebページでは新しい洋服が随時掲載され、在庫の数や売り切れといった他のユーザーの購入状況が反映された情報がページに表示されるはずです。これを実現するためにはユーザー名や購買履歴のようなデータを保存し管理する機能も必要です。その役割を担うのが**データベース**であり、そのデータベースを提供するのが**データベースサーバー**です。Webアプリケーションサーバーによる処理やデータベースがあってようやく、常に同じ洋服・同じ在庫数が掲載された固定されたWebページではなく、「購買状況に応じてWebページの在庫数を変化させる」といった機能を持つWebアプリケーションが実現できるのです。

Webアプリケーションサーバーの中に内包される機能はたくさんあり、もっと細かく分けることもできます。たとえば、クライアントからのリクエストを受け取る部分を特にWebサーバーと呼ぶことがあり、代表的なものとしてApache（アパッチ）やnginx（エンジンエックス）といったものがよく使われますが、候補者を選定するために使われるような用語ではないので、採用文脈では、まずは「Webサーバー」のひとつだということだけ覚えていれば十分でしょう。

> OSとインフラ（デバイス）

ここまでWebページが表示されるまでの一連の流れを解説してきましたが、これらの仕組みを支える土台があります。それが**OS**と**インフラ**です。OSはこれまで紹介してきたソフトウェアを管理するおおもとのソフトウェアのことです。そしてインフラが、それらのソフトウェアを入れるための物理的な土台と考えてください。なお、インフラの中でもPCやスマートフォンといったユーザー側のハードウェアのことを**デバイス**と呼ぶこともあります。

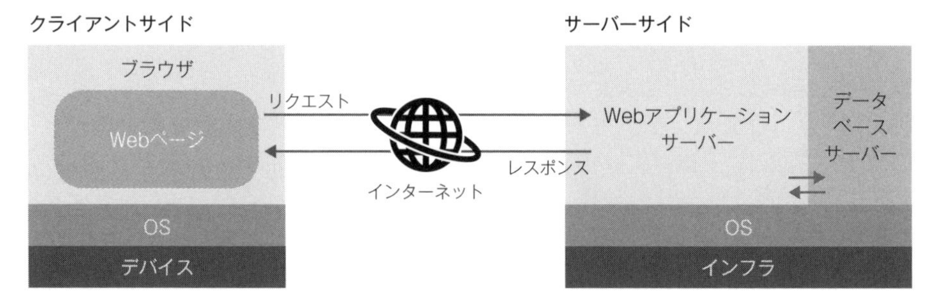

図2-8 Webアプリケーションを支える土台

洋服のECサイトを利用するユーザーから見れば、iPhoneのような操作する機体がデバイスであり、その中でブラウザやスマホアプリ（ネイティブアプリと呼ぶこともあります）を動かしているおおもとのソフトウェアがクライアント側のOSです。モバイルのOSとしてよく使われているAndroidやiOSはご存知の方も多いでしょう。また、サービスを提供している側にもそのソフトウェアを管理するために使っているOSがあり、それらを支えるインフラがあります。

OSやインフラは、文脈によってサーバーサイドとクライアントサイドのどちら側についての話かが変わってきます。たとえば、Webアプリケーションの開発を行う環境を説明する文脈であれば、自社でよく利用するサーバーサイドのOSやインフラ環境を指すこともありますし、モバイルやデスクトップアプリケーションの開発経験の文脈であれば、クライアントサイドのOSやインフラ環境を指すこともあります。

OSやインフラには具体的にどのようなものがあるのかについては後で詳しく見ていきますので、ここではWebアプリケーションサーバー、データベースサーバー、その他のさまざまなミドルウェアを扱う土台となるソフトウェアとしてOSというものがあること、そしてソフトウェアを入れておくインフラという箱があり、クライアントサイドではデバイスと呼ばれることが多いということを覚えておいてください。

俯瞰から深掘りへ

ここまでWebアプリケーションのおおまかな構造と各要素のつながりを解説しました。次節からは採用業務で重要になるカテゴリーについて深掘りをしていきます。もちろん企業のビジネスの内容や募集している職種によって重要になるポイントは異なりますので、**これまでの業務で関わりがあった部分から知識を広げていく**のが良いでしょう。

本章では、プログラミング言語、ライブラリとフレームワーク、データベース、OS、インフラといったカテゴリーの概要と代表的な用語を理解することから始めましょう。本章で深掘りしていないもので、かつ自社の採用要件に出てこない用語は採用業務ではほとんど必要とされません。そのため、本章で紹介している内容を基本として理解した上で自社の採用要件などを再確認し、わからない単語を調べることで必要な知識の多くをカバーできるようになります。

プログラミング言語を深掘りする

まずソフトウェアエンジニアリングとは切っても切り離せないプログラミング言語への理解を深めましょう。

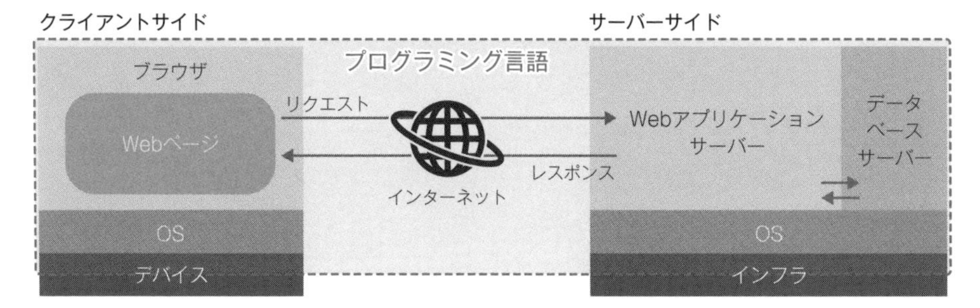

図2-9 プログラミング言語が関わる領域

プログラミング言語とは、人間がコンピュータにさせたい処理をコンピュータに伝えるために使う言語のことです。人間同士が会話する際には、日本語や英語のようなお互いに共通認識がある単語や文法を使ったやり取りを行いますが、これと同じように、人間とコンピュータの間で取り決めた単語や文法がプログラミング言語です。たとえば、「print(“a”)」という表現なら「画面に“a”と出力する(表示する)」といった取り決めです。

採用業務では、採用要件や求人票を作成する際にプログラミング言語の名前を扱う場合が多いと思います。こうした場合には、自社サービスや顧客に依頼されたWebアプリケーションの開発に使用しているプログラミング言語の名前を使うことがほとんどでしょう。

ここで理解しておきたいのは、Webアプリケーションだけではなく、これまで紹介したOSやブラウザ、データベースなどもプログラミング言語を使って開発されているものだということです。あなたの会社が提供しているWebアプリケーションと同じように、皆さんが普段使っているOSやブラウザも、それを提供している企業や団体がプログラミング言語によって開発し提供することで利用できるようになっています。

プログラミング言語への理解を深めるために、その働きを少し深掘りしてみましょう。まずプログラミング言語の役目は、人間がコンピュータに行わせたい処理の仲介役です。コンピュータによる何らかの処理は最終的には物理的な電子回路の上で電気信号として扱われます。膨大な数のスイッチが処理の内容によってオン・オフされ、その回路に電気が流れることで特定の信号になるイメージです。とはいえ、Webサイトを作りたいような人がコンピュータの中身や電気信号を直接扱うのは現実的ではありません。そこで、人間でも読み書きができ、コンピュータ上の処理にも変換できるような表現としてプログラミング言語を使うことになります。

プログラミング言語で書かれたプログラムが電子回路上で電気信号として扱われるまでにはいくつかの段階があります。簡単にいうと、プログラミング言語で書かれたソースコードが2進数（0と1）の羅列に翻訳され、その羅列に従って電子回路が操作される、という順序です。

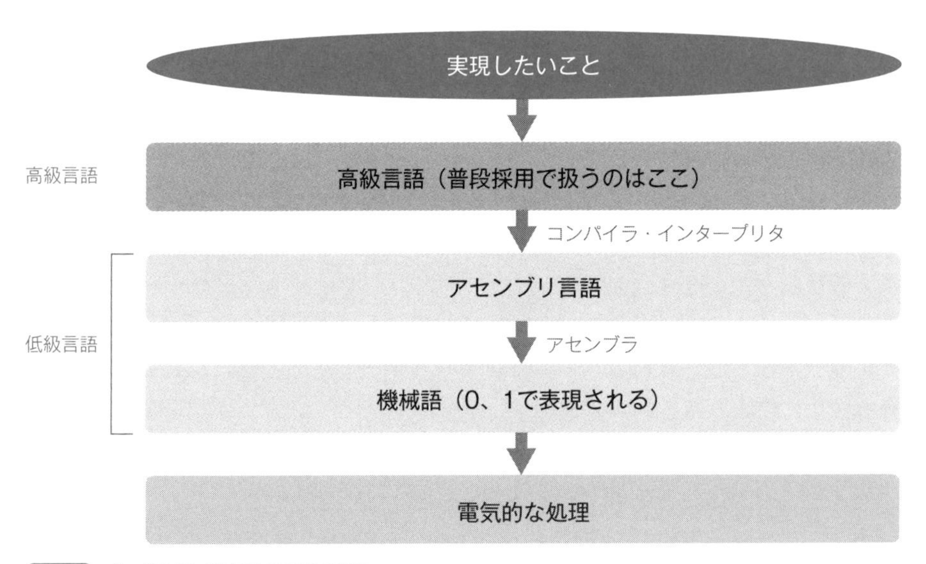

図2-10 プログラミング言語の変換の流れ

ざっくり分けて人間にとって理解しやすい表現を「高級言語」と呼び、そうでない表現を「低級言語」と呼びます。本節で紹介するプログラミング言語はすべて「高級言語」に該当します。「低級言語」には「アセンブリ言語」や、完全に0と1で表される「機械語」があります。「高級言語」を「アセンブリ言語」に翻訳する際には「コンパイラ」や「インタープリタ」といったソフトウェアが使われ、「アセンブリ言語」を「機械語」に翻訳する際には「アセンブラ」が使われます。採用業務で目にすることがあるプログラム言語はほとんどが高級言語でしょう。ただし、ハードウェアを主体に扱うサービスを展開する企業などの場合は、「アセンブラ」のようなキーワードを採用要件で見かけることもあるかもしれません。

プログラミング言語の数は数千種類以上にのぼるともいわれています。もちろんすべてを覚えることはできませんし、その必要もありませんが、よく使われる言語や流行している言語に関しては概要だけでも知っておくのが望ましいでしょう。次項からは代表的なプログラミング言語を紹介していきます。

>クライアントサイド（フロントエンド）系

前節にて、Webアプリケーションにはクライアントサイドとサーバーサイドの2つの分類があるという話をしましたが、ユーザーが閲覧・操作するクライアントサイドを**フロントエンド**と呼びます。そしてフロントエンドでまず間違いなく利用されるのが**HTML**、**CSS**、**JavaScript**という3つの言語[2]です。

HTMLがドキュメントの構造（テキストや画像の並びや見出しの階層など）を表現する役割、CSSがレイアウトや装飾を決める役割、JavaScriptが動きや反応を定義する役割を担います。JavaScriptの役割についてはイメージしづらいかもしれませんが、たとえば画像にマウスオーバー（カーソルを画像の上に持ってくること）をすると画像の色が変わる、といったようなユーザーの操作に合わせた動きを決めるために使われるということです。

それでは、普段見ているWebページを表現するために使われる重要なプログラミング言語をそれぞれ見ていきましょう。

2　HTMLやCSSはプログラミング言語ではないとする考え方もあります。プログラミング言語の定義にもよりますし、この議論は本書のテーマから大きく逸れるので、本書ではわかりやすさを重視してプログラミング言語の節でこれらを解説しています。

図2-11 フロントエンドの言語の役割

●HTML（HyperText Markup Language）

HTML（エイチティーエムエル）はWebページを表現するために使われる言語で、マークアップ言語のひとつです。普段目にするWebページのほとんどがこのHTMLで書かれています。Webページに書かれている文字の情報や、段落や見出しなどのレイアウト、画像やリンクといった要素などを表現します。現在はHTML5が主流となっています。

このHTMLのコードをブラウザが読み込み、人が理解しやすいデザインに描画するため、後述するどんなプログラミング言語でWebアプリケーションを作ったとしても、最終的にユーザーが見るWebページはこのHTMLで表現されることになります。まずは**Webページを表現するための基本となる言語である**ということを理解しておきましょう。特にWebアプリケーション開発に関しては基本となる言語であり、エンジニアでHTMLをまったく書けない人はほとんどいないと思って良いでしょう。

Memo

採用文脈でHTMLの能力を特に強調して要求するのは、フロントエンドの開発で何らかの高度なHTMLへの知見が必要となっている場合などに限られます。基本的には採用競合などに対して自社の技術を差別化する要因になる言語ではないので、求人票などでHTMLを強調する場合は、**HTMLによって何を実現したいのかを明確にしておく必要**があるでしょう。

HTMLは、厳密にはプログラミング言語ではないとみなされることがあります。そのため、HTMLを覚えたからといってプログラミングができると公言すると誤解を招いてしまうかしれません。あくまで正しい表現を使おうとするならば、「HTMLはマークアップ言語である」と覚えておくべきですが、この区別が採用業務に影響することはほとんどないといって良いでしょう。

●CSS（Cascading Style Sheets）

CSS（シーエスエス）は、HTMLで書かれたWebページを装飾する目的で用いられます。たとえば文字の大きさや色、フォントなどの情報をここで扱います。CSSだけでWebページを表現したりWebアプリケーションを作ったりすることはできず、HTMLとセットで使われるものだと考えて良いでしょう。WebデザインやUIデザインの文脈で言及されることも多いです。

Memo

採用文脈では、HTMLと同様の理由で**自社の技術の差別化の要因としては使いにくい**です。強いていえば、デザイナーがコーディングまでできるかを問う際などには有益な情報となるかもしれません。

また、CSSもHTMLと同様にプログラミング言語ではないとみなされることがあります。あくまで正しい表現を使おうとするならば、「CSSはスタイルシートの一種」となりますが、この区別も採用業務に影響することはないでしょう。

●JavaScript

JavaScript（ジャバスクリプト）は、主にHTMLやCSSとセットでWebページの複雑な処理を実現するために使われるプログラミング言語です。CSSが色やフォントなどの装飾を定義するために使われるのに対し、JavaScriptは、たとえばマウスをグラフ上に合わせるとポップアップでグラフの数値が表示されるといった動きを表現するために使われます。

企業がしっかりと開発を行って提供しているWebサービスのほとんどでJavaScriptが利用されていると考えてください。そのため、フロントエンドは、HTML、CSS、JavaScriptのセットで書かれるものという理解でも問題ないでしょう。

昨今ではアプリケーションの機能やインターフェイスへの要求水準が高まっていることや、機能追加やバグ対応の早さへの期待に応えるために、デスクトップアプリケーションではなくWebアプリケーションとしてサービスを提供するのが主流になっています。これに伴って、JavaScriptはその周辺技術も含めると技術発展の速度が非常に速く、勢いのある言語となっています。また、主に、フロントエンドで使われる言語だと述べましたが、場合によっては、JavaScriptはサーバーサイドでさまざまな処理を行う言語として扱われることもあり、サーバーサイドの実装でJavaScriptを使えるようにするために**Node.js**（ノードジェイエス）という環境がよく使われます。

JavaScriptは歴史があるプログラミング言語ですが、一度衰退したのちにAjax（エイジャックス、アジャックス）という技術の台頭とともに復権し、そこから現在の地位まで上り詰めました。

Memo

採用文脈では、後述するJavaScriptのフレームワークなどと合わせて自社の技術を差別化する要因となる言語ですので、理解を深めておいて損はありません。なお、後述するJavaとは異なる言語なので、似た名前ですが混同しないようにしましょう。

●TypeScript

TypeScript（タイプスクリプト）は型の概念を加えることで、JavaScriptを拡張して作られたプログラミング言語です。ブラウザで動くというJavaScriptの利点を得つつ、大規模なアプリケーションを複数人で安全に開発できるというメリットがあります。

また、TypeScriptはJavaScriptと互換性があるため併用することが可能で、プロダクトの成長に合わせて保守性を高めるために、当初JavaScriptで開発したアプリケーションを徐々にTypeScriptに移行するというケースも増えています。JavaScriptに比べて柔軟性が落ちる部分はありますが、Webアプリケーションの高機能化や複雑化に伴い人気が高まっているので、昨今のJavaScriptの発展とともにTypeScriptも注目すべきプログラミング言語であると理解しておきましょう。

>サーバーサイド系

クライアントサイドからのリクエストに対して、必要な処理を行う側を**サーバーサイド**と呼びます。このサーバーサイドで利用されるプログラミング言語のうち代表的なものとしてC、Java、PHP、Ruby、Pythonなどがあり、また比較的新しい言語の中で最近人気を集めているものとして、Scala、Goなどがあります。

洋服のECサイトに当てはめると、「購買状況に応じてWebページを変化させる」「会員ユーザーかチェックしログインを許可する」「ユーザーに合った洋服をお薦めする」といったサーバーサイドの処理を実現するために使われるプログラミング言語という立ち位置です。それでは、代表的なものをひとつずつ見ていきましょう。

●C

C（シー）は歴史があるプログラミング言語で、後述するさまざまなプログラミング言語に影響を与えました。Cだけだとプログラミング言語を指しているかどうかよくわからないため、C言語（シーげんご）と書かれたり呼ばれたりします。大学の情報系の学部などでは、最新のトレンドとなっている言語ではなく、基礎としてC言語をカリキュラムに組み込むことも多いです。業務システム、Webアプリケーション、スマホアプリ、組み込みソフトウェアまで幅広く活用されています。

C言語は他のプログラミング言語に比べて、コンパイル後のコードを軽量かつ高速にすることができます。ただし、そのメリットを十分に活かすためには、ハードウェアやメモリなどの低レイヤーの概念を理解する必要があるため、高度に使いこなすためのハードルは他のプログラミング言語と比べて高いです。そのため、初学者にとっては決して簡単に学べる言語であるとはいえません。

C言語を習得している候補者であれば自社が他の言語を使っていたとしても、乗り換えもそこまで難しくはないはずです。

●Java

Java（ジャバ）はWebアプリケーションだけでなく、モバイルアプリ、デスクトップアプリケーション、基幹システムなどにも広く用いられ、最も広く普及しているプログラミング言語です。その強固な型システムから、多人数で開発する際に設計者の意図を他の開発者にも伝えやすく、開発のルールから逸脱したコードが書かれにくいという特徴があります。そのため、金融系の会社のシステム開発などの大規模なプロジェクトにもよく用いられます。もちろん、Javaで開発されているWebサービスもたくさんあります。

Memo

採用文脈では、**SIer企業のような顧客サービスの開発を行う企業ではJavaのエンジニアが多く、プログラミング言語全体の中でもJavaの利用人口が多い**ことを知っておくと良いでしょう（8ページの図1-4参照）。なお、前述のJavaScriptとは似た名前ですが別物ですので、混同しないようにしましょう。

●PHP

PHP（ピーエイチピー）もWebアプリケーションの開発に非常によく用いられるプログラミング言語のひとつです。最も有名なCMS[3]であるWordPressがPHPで作られていることもあり、メディア系のサービスでよく用いられる傾向があり

3　Contents Management System：コンテンツ管理システム。ブログやメディアといったWebコンテンツを作成したり管理したりするシステムのこと。

ます。

PHPは初心者でも比較的容易に習得しやすいプログラミング言語といわれていますが、その反面、コードの品質が人によってバラつきやすいことにもつながります。サービスの安定性や拡張しやすさを保つためにも、**コード品質を高める取り組みをしておく必要があること**を意識しておくと良いでしょう。

●Ruby

Ruby（ルビー）はまつもとゆきひろ氏によって作られた日本産の言語で、世界的にもシェアの大きいプログラミング言語のひとつです。コードを簡潔に記述でき、直感的にも理解しやすいという特徴があります。玄人から初心者まで人気のプログラミング言語で、後述するRuby on Railsが非常によく使われるWebフレームワークであるため、多くのメジャーなWebサービスがRubyで作られています。

日本生まれのプログラミング言語ということもあり日本語のドキュメントが豊富で、毎年日本で開催されるRubyKaigiというカンファレンスも盛り上がっているため、特に日本のWeb系のエンジニアからはとても人気があります。

●Python

Python（パイソン）もコードを簡潔に記述でき、直感的に理解しやすい人気の言語です。特徴として機械学習やデータ分析に最適なライブラリ（57ページ参照）が多く用意されており、近年のAI系サービスの台頭により多くのエンジニアに使われるようになりました。人工知能や機械学習を使うサービスを開発している企業や、こうした技術を研究している学術組織で人気を博しています。

またWebサービスの構築だけでなく、Jupyter Notebookをはじめとしたツールと組み合わせて、自分のPC上でデータ分析を行う際などにも用いられます。データ分析や機械学習をサービスの一部で利用しているような企業では、エンジニアが業務のどこかでPythonを使っている可能性が高いでしょう。Webアプリケーションの開発にも使われることがあり、YouTubeの開発にPythonが使われていた実績もあります。

●Scala

Scala（スカラ）は比較的新しい言語で、Javaの多くのライブラリをScalaからも利用することができます。そのため、Javaエンジニアであれば比較的習得が容易であるといわれています。

Scalaは Javaやその他の言語の良い特徴のハイブリッドとして存在しているイメージです。とはいえ、昨今のJavaの進歩によって、ScalaではできてJavaではできないことが少なくなっていることも確かです。そのため、**Scalaに強いこだわりのあるエンジニアは、Scalaに対して何か熱い気持ちを抱いていることが多い**ですから、そのあたりを詳しく聞いてみるのが良いでしょう。

Scalaが利用されている有名なサービスにはSmartNewsやTwitterなどがあります。

●Go(golang)

Go（ゴー）はGoogleが開発した比較的新しいプログラミング言語です。C言語に迫る処理速度とC言語並みの表現力を備えながらも書きやすい点から人気が集まっています。高速な処理を実現することができるため、ユーザーからのアクセスが多く大量のデータ処理（トランザクション処理）が発生するようなサービスの実現に適しています。Goだけだとプログラミング言語を指しているのかどうかよくわからないため、Go言語（ゴーげんご)、golang（ゴーラング）と書かれたり呼ばれたりします。

特にWeb系のミドルウェアを実装するのに適しており、近年のインフラ構築のためのスタンダードになっているDockerやKubernetes（79ページ参照）もGo言語で実装されています。

Memo

国内でも使っている企業やエンジニアが増えてきており、今後使ってみたいと考えているエンジニアも多いため、採用の際に競合との差別化の要因になり得るプログラミング言語だと認識しておくと良いでしょう。

●Perl

Perl（パール）はWebの黎明期に非常に盛んに使われていたプログラミング言語で、特にテキストの処理を得意としています。2000年代のはじめに事業を始めたWeb系の企業がサービスの実装によくPerlを利用していました。

Memo

Webサービスの実装で使われるプログラミング言語の流行は大きくPerl、PHP、Rubyの順に遷移してきました。こうした経緯から新しくPerlを習得する若い世代が少ないため、**若いPerl人材を探すのは難しいもの**と考えておくと良いでしょう。

●C++

C++（シープラスプラス）はC言語の拡張として開発された言語で、Webアプリケーション以外にモバイルアプリやゲーム開発でも用いられます。正式な呼び方は「シープラスプラス」ですが、「シープラプラ」といった呼ばれ方をすることもあります。C言語を学習した人ならば習得は比較的容易でしょう。

C言語と併用しても利用しやすく、C言語でできることはたいていC++でも可能という特徴もあります。C言語と同じ理由で習得の難易度が高いため、**使いこなしている人の技術力は総じて高い**といってしまって良いでしょう。

●C#

C#（シーシャープ）はC++とJavaの良い部分を踏襲して作られたプログラミング言語です。特にゲーム開発で非常によく利用されるため、ゲーム開発で使われるUnity（62ページ参照）というツールでも言語としてC#が用いられることが多いです。C#はC言語とは特徴が違います。.NET FrameworkというMicrosoftの提供している開発環境上での開発を想定しているなど、C言語よりもJavaに近い特徴を持っています。

>モバイル系

iOSやAndroidといったモバイル環境で動作するアプリケーションを実装する際には、それ以外の開発ではあまり使われないプログラミング言語が使われます。ここでは、モバイルアプリの開発に用いられるプログラミング言語の中で最も特徴的なKotlin、Objective-C、Swiftの3つを紹介します。

●Kotlin

Kotlin（コトリン）は比較的新しいプログラミング言語で、主にAndroidのモバイルアプリの開発をするために用いられます。AndroidアプリはJavaでの開発も可能ですが、2017年にGoogleがKotlinをAndroidの公式言語に追加して以来、Androidアプリの開発のスタンダードとしての地位を確立してきています。

KotlinはJavaで開発したコードを呼び出すことができるので、Androidアプリの開発に用いる言語をJavaからKotlinへ移行するのは比較的容易であるといわれています。また人材のスキルの観点から見ても、**JavaでのAndroidアプリの開発経験があればKotlinのキャッチアップをすることは難しくない**はずです。

●Objective-C

Objective-C（オブジェクティブシー）は、C言語をベースに機能が拡張されたプログラミング言語です。モバイルアプリであるiOSアプリの開発にはObjective-Cが多く用いられていましたが、現在はSwiftを利用するケースが多いです。今でもObjective-Cを使ってアプリを開発している会社は、Swiftがない頃にプロダクトをローンチしてそのまま使い続けている場合が多いです。Swiftと同じく、iOSアプリだけでなくmacOSのアプリを開発するためにも利用されます。

●Swift

Swift（スウィフト）はAppleが開発を主導しているプログラミング言語です。Objective-Cと同様、iOSアプリの開発で用いられることが多いです。SwiftはObjective-Cと比べて安全で書きやすいため、iOSアプリの開発のために使う言語としては最初に検討されるものになるでしょう。

iOSアプリの開発に関連して「XCode」という単語が出てくることもありますが、これは「統合開発環境」（141ページ参照）と呼ばれるツールの一種で、開発をする土台のようなものです。想像しにくいかもしれませんが、コードを書いたり動かしたりするためのツールだと考えてください。Objective-Cと同様、iOSアプリだけでなくmacOSのアプリを開発するためにも利用されます。

>その他のプログラミング言語

ここでは、フロントエンド、サーバーサイド、モバイルのいずれにも分類されないものの、非常によく使われるために理解しておかなければならないものとしてSQLとRを紹介します。

●SQL（Structured Query Language）

SQL（エスキューエル）は、データベースに対しての処理をするための言語[4]です。ここでいうデータベースに対しての処理とは、特定のデータを取り出したり、逆にデータを格納したりするようなことです。よく誤解されますが、SQLはWebアプリケーションやデータベースそのものを開発するための言語ではないことに注意してください。

Memo

SQLは「データベースに対して処理をする」という役割において他の言語では代替しにくい点もポイントです。SQLもエンジニアリングの基本であり、ほとんどのエンジニアがある程度使うことができるものです。そのため、採用要件を定義するときに自社のエンジニアがSQLの利用経験を要求してくる場合は、**データベース周辺の業務に特化したスキルを候補者に求めているはず**なので、ぜひその詳細を聞いてみましょう。

●R

R（アール）は、統計処理やデータ分析向けの言語です。Rを用いてWebアプリケーションを開発することも不可能ではありませんが、データ分析目的で使われることが一般的です。データ分析目的で使われる言語やツールはR、Python、MATLAB[5]がほとんどですので、この3つは分析という共通の文脈で覚えておくと良いでしょう。

4　SQL は厳密にはプログラミング言語ではなく、データベース言語という種類の言語のひとつです。しかし、採用文脈ではプログラミング言語と並んで扱われるほか、この議論は本書のテーマから大きく逸れるので、HTML や CSS と同様に、本書ではわかりやすさを重視してプログラミング言語の節でこれらを解説しています。

5　MATLABは特に大学などの研究機関でデータを分析するために用いられることが多いツールです。MATLABを使えることが採用要件に含まれることは稀なので、本書では詳細には解説しません。採用文脈では、Rと同様に「MATLABの経験があればデータ分析に関する知見を持っているだろう」と類推するといった使い方をすることができます。

Memo

採用文脈では、Rでデータ分析をしてきた人は、本人にその気があればPythonでデータ分析をしている会社で活躍できるだろう、といった情報の使い方をすることができます。

Column

●技術選定の理由は？

本節の解説の中でも何度か言及しましたが、こと採用活動においてはプログラミング言語の詳細以上に知っておくべきことがあります。それは、「**なぜ自社がこのプログラミング言語を選んだのか**」という技術選定の理由です。

採用プロセスの中でプログラミング言語の知識を使う場面は、採用要件の定義、求人票の作成、候補者への訴求のいずれかになることがほとんどです。特に候補者に自社の魅力を訴求する目的でこうした知識を使う場合は、単に「弊社ではPythonを使っています」と伝えるよりも、「弊社では機械学習をプロダクトに組み込むことで競合優位性を高めているので、ライブラリやフレームワークが充実していることから機械学習との相性が良いPythonでWebアプリケーションも実装しています」と伝えたほうが、技術に興味を持っていたり思想に共感したりするエンジニアに訴求しやすくなります。

プログラミング言語の優劣を1つの軸で判断することはできませんから、自社が開発に使っている言語は、それが選ばれた理由が必ず存在します。とはいえ、自社で使っている言語の情報からその技術選定の理由を採用担当者が考えるのは簡単ではないため、素直にエンジニアに質問してみましょう。「高速化のため」「チームメンバーがその言語が好きだから」とさまざまな理由が出てくるはずです。もちろん中には合理的でない理由もあるかもしれませんが、それも含めて自社の開発に関する歴史を知っておくことは採用活動を円滑に進めるための有力な武器になるでしょう。

●プログラミング言語の歴史は？

プログラミング言語やフレームワークなどのIT技術は、既存の技術の良い点を継承しつつ悪い点を解決するように拡張しながら発展していくものですから、ある技術が別の技術にどのように影響を与えてきたかという歴史的な整理をすることもできます。本節でも扱いましたが、JavaScriptとTypeScript、CとC++などがわかりやすい例になるでしょう。

こうした整理に興味がある方は、最初に自社が使っているプログラミング言語が発表された時期や、それに影響を与えたり与えられたりした言語について調べてみるのが良いでしょう。たとえば、本書で紹介しているプログラミング言語が発表された時期は図2-12のようになります。

1970年代	1980年代	1990年代	2000年代	2010年代
C	HTML Objective-C C++ Perl	CSS JavaScript Java Python Ruby PHP R	C# Scala Go	Kotlin Swift TypeScript

図2-12 本書で紹介したプログラミング言語の発表時期

●プログラミング言語のトレンドは？

採用担当者から受ける質問の中で多いものとして、「自社で使っている言語は人気がありますか？」という候補者の興味関心についての質問があります。もちろん一概にはいえませんが、プログラミング言語の人気度に関するデータは、アンケートによる意識調査や、求人の給与情報などさまざまなものがあります。たとえば、2018年、2019年のプログラミング言語全体の人気度として図2-13のような調査結果があります。

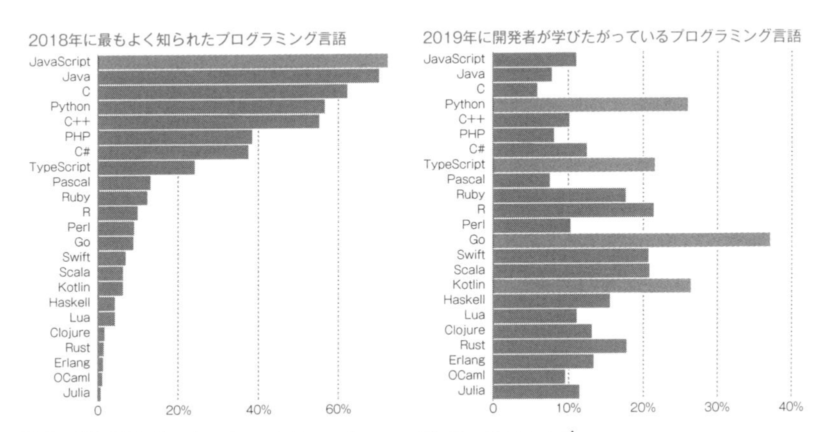

出典：「2019 HackerRank Developer Skills Report」
URL https://research.hackerrank.com/developer-skills/2019
図2-13 人気のプログラミング言語

調査結果を見ると、JavaScript、Java、C、Python、C++などがよく知られており、開発者が興味を示しているのはGo、Kotlin、Python、TypeScriptであることが読み取れます。

また、中長期的な傾向を示すデータには図2-14のようなものがあります。PHPやRubyは今でも利用人口が多い人気のプログラミング言語であることは間違いないのですが、だんだんと利用人口が減っていることが読み取れます。

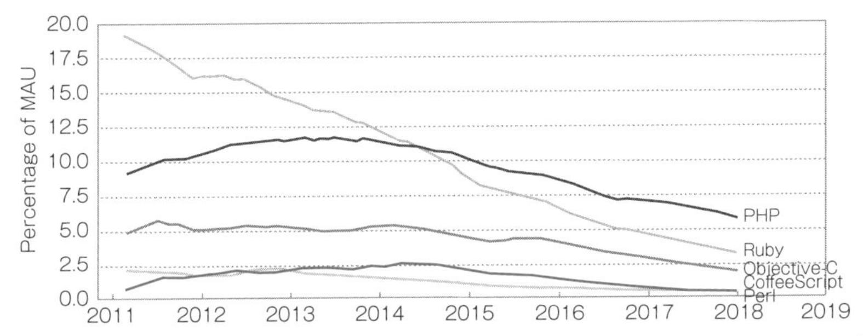

出典：Ben Frederickson「Ranking Programming Languages by GitHub Users」
URL https://www.benfrederickson.com/ranking-programming-languages-by-github-users/
図2-14 避けるべき言語

逆に、Go、TypeScript、Kotlinといった言語への興味が高まっていることが読み取れます。これは図2-13の「2019年に開発者が最も学びたがっているプログラミング言語」とも共通している部分があります。

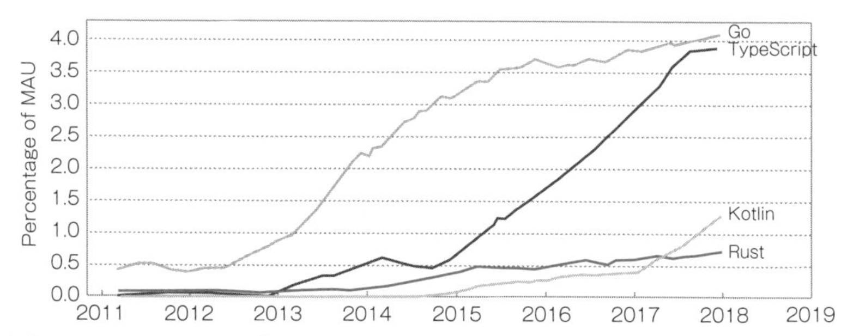

出典：Ben Frederickson「Ranking Programming Languages by GitHub Users」
URL https://www.benfrederickson.com/ranking-programming-languages-by-github-users/
図2-15 学ぶべき言語

これらの調査結果はあくまでそのときどきでの人気を示したものであって、どの言語が優れているのかという話ではありません。確かに人気の言語を開発で使っていること自体は採用を多少有利にしてくれますが、何よりも重要なのはColumnの最初で述べた通り、**「なぜ自社はその言語を使って開発しているのか」を理解し、伝えられるようにすること**です。

●知らない技術をどこまでキャッチアップできる？

筆者が採用担当者からよく受ける質問のひとつに、「Javaの経験者を採用した場合、入社後に自社で使っているRubyをキャッチアップすることはできますか？」といった入社後のキャッチアップに関するものがあります。

結論は「一概には言えない」なのですが、**すでに使えるプログラミング言語と「近い」言語はキャッチアップが容易になります**。ここでいう「近さ」は、「どのようにプログラミング言語を分類するか」と言い換えても良いです。こうした分類にもさまざまな軸がありますが、よく使われるものとして次のようなものが挙げられます。

・オブジェクト指向型／非オブジェクト指向型
・命令型／宣言型
・動的型付け言語／静的型付け言語
・強い型付け／弱い型付け

ひとつの例として「オブジェクト指向型／非オブジェクト指向型」と「命令型（手続き型）／宣言型（関数型・論理型）」を使って、本書で紹介したサーバーサイドのプログラミング言語を分類してみると図2-16のようになります。

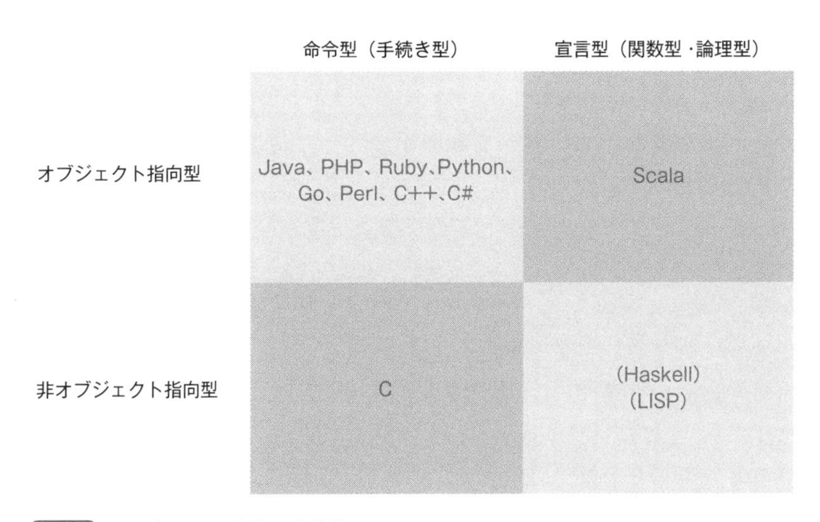

図2-16　サーバーサイド言語の分類例

こうした整理は言語の近さを判別するのに役立ち、近さがわかればエンジニアがすでに使える言語の情報から、別の言語の学習の容易さを推測することができるでしょう。

ただし、強くお伝えしたいことは、キャッチアップができるかどうかは、こうした一般的な分類に基づいて考えるよりも、「**本人がやりたいと思っているかどうか**」のほうがはるかに重要であるということです。もちろん個人差はありますが、エンジニアの中には「人気の言語だから少し触ってみよう」といった理由からプライベートでも言語を触っている人がいたりするくらい、言語の壁は意外と低いものです。実務経験がなくても本人の意欲が高ければ問題なくキャッチアップできるでしょう。

●スキルはどうやって測る？

その他に筆者が採用担当者からよく受ける質問として、「Rubyが強いかどうかはどうやって判断すれば良いですか？」といったスキル判定の基準に関するものがあります。これは非常に難しく、共通した評価軸はありません。この質問の背景としては、現場から「〜が触れる人」「〜が強い人」といった抽象的な要望が出ているのではないかと思います。

ここで大切なのは、採用要件を詰める際に自社のエンジニアとしっかりとコミュニケーションをとって**必要なスキルを具体化することと、そのスキルが備わっているかを判断するために何を確認すべきかを明確にすること**です。たとえば、このようにエンジニアに聞いてみましょう。「Rubyが触れる人ということですが、実務経験はなく趣味でWebアプリケーションを作ったり記事を公開している人は対象になりますか？」「強い人ということですが、このポジションでイメージしているレベルは社内でいえば誰ですか？」

採用要件を明確にしたり、その要件を満たしているかどうかを判断したりするには採用担当者だけではとても大変で、やはり社内のエンジニアの協力を仰ぐ必要があります。とはいえ、明確な採用要件や正しいスキルチェックが行われるようにエンジニアの知識を正しく引き出すのは採用担当者の重要な仕事のひとつです。まずは「**社内のエンジニアとのコミュニケーション量は十分か？**」という点から考え直してみましょう。

ライブラリとフレームワークを深掘りする

ライブラリは、よく使う処理のコードをまとめたものです。たとえば、「ファイルを読み込む」「Webサイトにログインする」「文章を単語に分解する」といったよく使われる機能や処理は、一から自分でコードを書くよりも他の人が作ったコードをそのまま再利用するほうが早く開発ができます。このように、誰かが作ったプログラムを他の開発者にも使えるように汎用化したものがライブラリです。パッケージと呼ばれることもあります。

ライブラリの内容はさまざまで、「あるサービスのAPIに対して認証処理をする」といった複数の処理をまとめたものもあれば、「ランダムな数字を出力する」といった単純なものもあります。ライブラリの中には、機械学習や可視化といった特定の目的のために作られ、複数の言語に対応しているものもあります。

1つプロダクトがあれば、その中で数個〜数百個のライブラリが使われていると考えて良いでしょう。そのため採用文脈であれば、プログラミング言語や後述するフレームワークの名前は開発の環境を伝えるために用いられるのに対し、ライブラリは**開発しているプロダクトの特徴を伝える目的で使われるケースが多い**です。たとえば、機械学習や検索機能などがこれに該当します。

本書で紹介する代表的なものだけではカバー範囲として広いとはいえませんが、まずはライブラリという概念があることを理解し、現場から挙がってきた要件に特定のライブラリがあれば、それは開発の中での機能的な特徴に紐づくものであることを念頭に置いて、内容を調べるようにすると良いでしょう。

フレームワークは、特定のジャンルのアプリケーションを効率良く作るための考え方と、それを実現するための基本的な部品があらかじめ準備されたものです。

ECサイトでもブログサイトでも、

- リクエストを受けてユーザーや商品、記事の情報を返す
- Webアプリケーションサーバーがデータベースサーバーとのやり取りをする

- 新しく追加された商品や記事のURLを決め、Webページを作る
- 商品や記事を管理するための管理者用のページを作る

といった機能は共通して必要になります。Webアプリケーションを実装するとき、こうした機能を実現するプログラムを毎回ゼロから書いていては大変なので、あらかじめ用意されたWebアプリケーション作成の枠組みを利用するというわけです。前述のライブラリを下処理した具材だとすれば、フレームワークはレシピや料理キットのようなイメージです。

フレームワークという言葉は、ビジネスの世界でも考え方や業務の枠組みとしてよく聞く用語かと思います。けれども、エンジニアリングの文脈ではプログラミング言語に紐づいた形で使われるので、先に紹介した**プログラミング言語とセットで覚えましょう。**

>クライアントサイド(フロントエンド)のライブラリとフレームワーク

本項で解説するReact、Vue.js、Angularは2020年時点で非常に人気のJavaScriptフレームワークですが、それぞれがどのように違うかという詳細な内容を理解する必要はありません。自社がこれらのうちどれかを使っているならば、技術選定したエンジニアに「**どうしてそのフレームワークを使っているのか**」を聞くことで、経緯や背景に関する知識を深めることができるでしょう。

●jQuery(JavaScript)

jQuery(ジェイクエリー)は、JavaScriptのコードをより容易に記述できるようにするために設計されたJavaScriptライブラリです。Web開発の基礎として使えるエンジニアも多く、低コストで導入できるという特徴も相まって、シンプルなWebアプリケーションを作成する上では十分な機能を持っているといえます。より複雑なアプリケーションを作る場合には、jQueryではなく後述するAngular、Vue.js、ReactなどのJavaScriptのフレームワークを使うほうが望ましい場合もあります。

●React(JavaScript)

React(リアクト)は、Facebook主導で開発されているJavaScriptフレームワー

クで、SPA（Single Page Application）やモバイルアプリの開発で主に使われます。モバイル開発のためのReact Nativeというフレームワークも用意されているので、iOSやAndroid向けのクロスプラットフォームな開発も可能です。Redux（リダックス）というアプリケーションの状態を管理するためのオープンソースのJavaScriptライブラリも一緒に使われることが多いです。

●Vue.js（JavaScript）

Vue.js（ビュージェイエス）は、主にWebアプリケーションのUI開発に用いられるフレームワークで、ユーザーインターフェイスのみならずSPAの構築にも適しています。すでに人気だったAngularを洗練してより使いやすくしているのが特徴で、2020年時点では他のJavaScriptフレームワークと比べても日本では頭ひとつ抜けた人気を誇っています。単にVue（ビュー）と呼ばれることも多いです。

●Angular（JavaScript）

Angular（アンギュラー）はGoogle主導で開発されているJavaScriptフレームワークで、主にSPAの開発に用いられます。開発を生産的に行うための機能がそろっていて、複雑な処理のあるページをコンパクトにまとめたいフロントエンド開発などに向いています。

●Nuxt.js（JavaScript）

Nuxt.js（ナクストジェイエス）とは、Vue.jsベースのJavaScriptフレームワークで、ReactベースのフレームワークであるNext.jsに触発されて作られました。UIなどフロントエンド向けのフレームワークであるVue.jsに対し、UI以外の部分でWebアプリケーション開発に必要な機能が最初から組み込まれています。Nuxt.jsは、ホテル予約サイト「一休」や作品配信サイト「note」などにも利用されており、2017年以降、Vue.jsの躍進とともに爆発的に普及しました。

>サーバーサイドのライブラリとフレームワーク

本項では、サーバーサイドのライブラリ・フレームワークを紹介していきます。

RubyであればRuby on Railsが一強であるといっても過言ではありませんが、PHPであれば人気のフレームワークが複数あります。これを踏まえて、本項では特に有名なWebフレームワークをいくつか紹介します。

また、最も有名な機械学習ライブラリのひとつであるTensorFlowも本項で取り上げます。

●Spring Framework（Java）

Spring Framework（スプリング・フレームワーク）は、Javaで最もよく使われているフレームワークで、Webアプリケーションだけでなく Javaで動作する一般的なアプリケーションを作ることもできます。

●Play Framework（Java、Scala）

Play Framework（プレイ・フレームワーク）は、JavaもしくはScalaによるアプリケーション開発のためのフレームワークです。特にScala向けのWebフレームワークとしては確固たる地位を確立しています。

●Laravel（PHP）

Laravel（ララベル）はPHPのフレームワークで、後述するCakePHPに比べて開発の自由度が高いことが特徴です。2020年時点では最もよく使われているPHPフレームワークです。

●CakePHP（PHP）

CakePHP（ケイク・ピーエイチピー）は、日本において2009〜2017年頃まで最も人気だったPHPのフレームワークです。昨今ではLaravelの人気が高まっていますが、まだまだ多くの企業やサービスでCakePHPが利用されています。

●Ruby on Rails（Ruby）

Ruby on Rails（ルビー・オン・レイルズ）は、RubyのWebアプリケーションフレームワークで、最も有名なWebアプリケーションフレームワークであるといっても過言ではありません。高速でWebアプリを作成できることからWebフレームワークの中でも非常に人気です。初心者でもわかりやすくコードも書きやすいのが特徴で、初心者だけでなくクックパッドや食べログなど大手企業にも採用された実績があります。単にRails（レイルズ）と略式名称で呼ばれることが多いです。

●Django（Python）

Django（ジャンゴ）は、Pythonを用いた高機能なWebアプリケーションフレームワークです。近年はPython自体の需要が高いので、その影響でDjangoも多くの場所で活用されています。

●Flask（Python）

Flask（フラスク）は、Python用のWebアプリケーションフレームワークで、無駄のないシンプルな構造を特徴としています。それでいながら拡張性も持ち合わせているので、柔軟で自由度の高い開発に向いています。

●TensorFlow（Python）

TensorFlow（テンソルフロー）は、機械学習、特に深層学習（ディープラーニング）のために利用されるオープンソースのライブラリです。Googleが開発して公開し、2020年現在も開発を主導しています。

>その他のライブラリとフレームワーク

本項では、クライアントサイド、サーバーサイドのいずれにも分類しにくいものの、採用活動で目にすることが多いライブラリやフレームワークを紹介します。

●React Native（JavaScript）

React Native（リアクト・ネイティブ）は、iOSとAndroidのアプリを作るためのフレームワークです。1つのコードで、iOSとAndroidの両方で動くものが作れます。Reactとは別物であることに注意が必要です。

●Unity(C#)

Unity[6](ユニティ)はゲームを作るための統合開発環境(ゲームエンジン)です。ゲームエンジンをわかりやすくいうと、「ゲームを作るためのツールをまとめたもの」と言い換えることができます。

UnityはiOSやAndroidといったモバイル環境から、macOSやWindowsといったOSのデスクトップ環境、そしてコンシューマー向けゲーム機の環境まで広く対応しており、プラットフォームを横断したゲームの開発も可能です。

本節では、特に利用者数の多い代表的なライブラリやフレームワークを紹介してきました。自社で使っているフレームワークがある場合には、そのフレームワークの人気の変遷や動向を把握しておくと良いでしょう。

利用者数が多いものに該当せず、なおかつ自社でも使っていないフレームワークに関しては特に覚える必要はありません。わからない単語を調べたときにそれがフレームワークであることがわかれば、どの言語のフレームワークで何に使うものなのか、そしてそれをどう使っているかを考えるようにしましょう。

Column

●ライブラリとフレームワークの違いは?

採用担当者からよく聞かれることのひとつに、「ライブラリとフレームワークの違いがわかりづらい」というものがあります。ライブラリもフレームワークも開発を楽に進めるための再利用可能な部品の集まりであることは共通していますが、違いは確かにあります。

「The Difference Between a Framework and a Library[7]」という記事で書かれている例では、家をメタファーとして使っています。それによると、ライブラリを使った開発は置く家具を選んで家の空間を作っていく作業に等しく、あなたは一から家具を作ることはせずに完成品を購入していきますが、座れる空間を作るためにどのソファを選ぶか

6 厳密にはフレームワークの節で解説するのは不適切かもしれませんが、採用文脈ではプログラミング言語やフレームワークと同等の扱いを受けることが多いため本節で解説しています。

7 https://www.freecodecamp.org/news/the-difference-between-a-framework-and-a-library-bd133054023f/

も、選んだソファをどこに置くかも自由です。一方、フレームワークを使った開発はモデルホームを選んで家を建てる作業に等しく、どれを使うかを選んだ時点で間取りはもう決まっています。細かいチューニングはできますが大枠は変えられません。

技術的には「制御の反転」という概念を使って説明されることがあります。ライブラリでは、再利用可能な部品をどのように制御するかを決めるのは開発者です。一方、フレームワークを使う場合は、ソフトウェア全体がどのように制御されるかを決めるのは基本的にフレームワークで、開発者はフレームワークに動かされる部品としてコードを書きます。

また、フレームワークは実装に関する思想を反映していることが多いです。たとえば、ReactとVue.jsはどちらもJavaScriptのフレームワークですが、両者には明確な思想の違いがあります。ReactがJavaScriptのパフォーマンスを最大限に引き出すために厳格なルールを守らせる一方で、Vue.jsは自由度がある代わりにチームで開発する際にはフレームワークの外での秩序を用意しなくてはなりません。

このように説明してきましたが、実際のところ、すべてのライブラリやフレームワークが厳密にこうした違いに則っているわけではありません。境目はかなり曖昧ですし、ライブラリとフレームワークの違いを正しく説明できることが採用業務に役立つという状況は非常に稀です。実際にプロダクトやサービスの開発をしているエンジニアも、開発業務中にライブラリとフレームワークの違いを意識することはほとんどないといって良いほどなので、採用担当者がこれを気にする必要はないでしょう。

●ライブラリとフレームワークの知識を採用にどう使う？

ライブラリやフレームワークの知識をどのように採用業務に活かせるかを考えてみましょう。

まずライブラリについて考えると、ライブラリの名前は、機械学習エンジニアやゲームエンジニア、クローラーエンジニアといった専門的なポジションを募集する際に採用要件の中に現れることが多いです。ライブラリは特定の目的の達成を助ける部品ですから、特に**専門的な技**

術を使うエンジニアのスキルセットを判断するために使うことができます。
　次はフレームワークについて考えてみます。Web開発をしている企業であれば、多くの場合、何らかのWebフレームワークを使っているでしょう。そのためプログラミング言語の名前と同様に、自社の開発の概要を簡単に説明したり、候補者と自社が技術的にマッチしているかをおおまかに測ったりするために使うことができます。
　また、前項でReactとVue.jsの違いを例にして説明した通り、フレームワークは実装に関する何らかの思想に基づいて作られていることが多いです。したがって、技術選定の際、自社の開発に関する思想に合うフレームワークを選ぶことがあります。そのため、技術選定の経緯を知る社内のエンジニアに、「なぜ、そのフレームワークを選んだのか」と聞いてみると、**自社の開発において「何を大事にしたいか」「どんな開発を目指しているか」を把握する**のにも役立つはずです。

●新しいフレームワークと古いフレームワークの違いは？

　使っているフレームワークによって、採用の難易度や採用しやすいエンジニアのタイプに違いが出る可能性があります。昔からあるフレームワークは使いこなせる人材が多いため、採用要件を満たした人材を獲得しやすい傾向があります。また、公式のドキュメントやブログ記事などが充実しているため、教育や学習も容易です。開発の規模が大きく信頼性が重要なプロダクトやシステムほど、保守性や人材の確保という観点から信頼あるフレームワークを選ぶメリットが大きいといえます。
　一方で、新しいフレームワークは既存のフレームワークに存在していた課題を解決する形で開発されるので、設計や使い勝手が改善されていることが多いです。しかし、ドキュメントは英語が中心になりますし、短い期間でバージョンアップが繰り返されることから、継続的に情報をキャッチアップし続けなくてはなりません。開発規模が小さく、柔軟に対応できる能力の高い人材がそろっているのであれば、挑戦的なフレームワークを選ぶことで、将来的に素晴らしいプロダクトやシステムを実現できるかもしれません。
　ライブラリやフレームワークには古いものもあれば新しいものもあ

り、流行しているものもあれば廃れていっているものもあります。**自社で使っているプログラミング言語に紐づく他のフレームワークには何があるのか、またそれらの登場時期や現在のトレンドなどを確認してみると良いでしょう。**図2-17や図2-18のように、JavaScriptやPHPのフレームワークなどは昨今特にシェアの推移の変動が大きいので、トレンドを追う視点が重要になるでしょう。

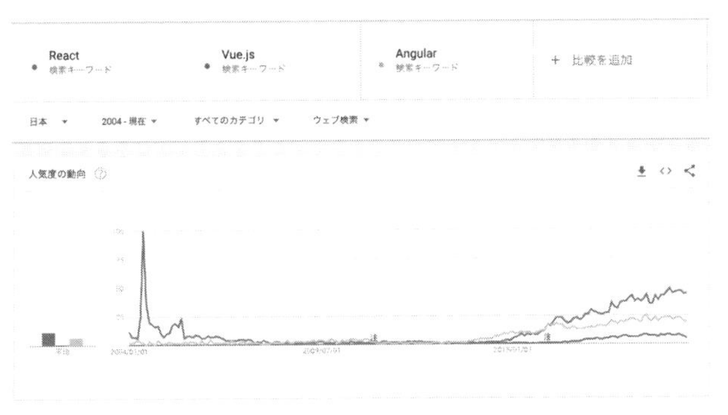

出典：Google Trends
URL https://trends.google.co.jp/trends/explore?date=all&geo=JP&q=React,Vue.js,Angular

図2-17 JavaScriptフレームワークの検索量の比較

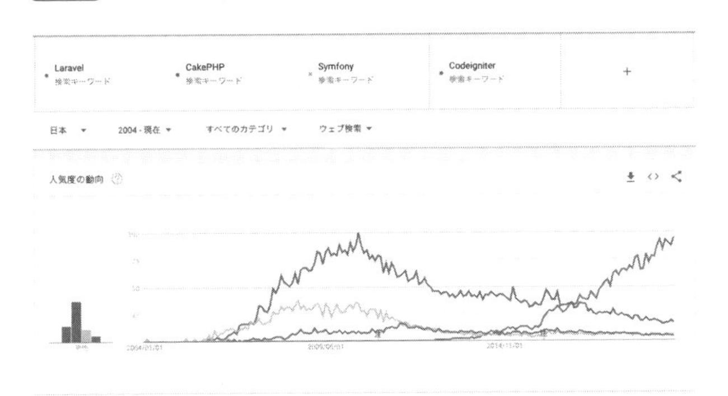

出典：Google Trends
URL https://trends.google.co.jp/trends/explore?date=all&geo=JP&q=Laravel,CakePHP,Symfony,Codeigniter

図2-18 PHPフレームワークの検索量の比較

データベースを深掘りする

本節ではデータベースへの理解を深めましょう。

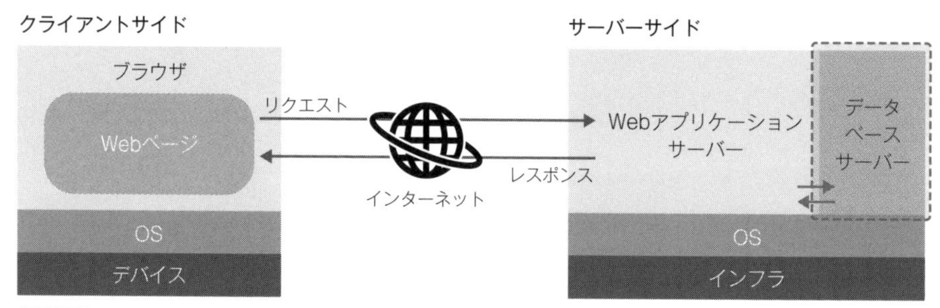

図2-19 データベースが関わる領域

データベースは、ユーザーやコンテンツのデータを保存しておくための場所のことです。データベースがなければデータを保存することができないので、複雑なサービスを実現することができません。前述のSQLは、データベースに対して「どういうデータを引き出すか」「どういうデータを格納するか」といった処理を実行させるために使われる言語です。

「データベース」という単語は、その概念や物理的な機構、もしくはデータベースサーバーが提供する機能などを表すことがありますが、採用文脈では**データベース管理システムの名称を指すことがほとんど**です。データベース管理システムはまず大きくRDBMSとNoSQLに分かれ、さらにその中でMySQL、PostgreSQLなどに分かれます。求人票では、このMySQLなどの粒度で書くことが多いです。それぞれにどのような特徴があるかなどの詳細まで覚えておく必要は必ずしもありませんが、プログラミング言語同様、まずは自社でどのサービスを利用しているのか、またその理由は何かを確認しておくと良いでしょう。

>RDBMS（Relational DataBase Management System）

RDBMS（アールディィービーエス）はRelational DataBase Management Systemの略で、日本語に訳すと**関係データベース管理システム**になります。関係データベース（RDB）とは、いくつかの表形式（テーブル）のデータをつなぎ合わせて保持するという思想に基づいたデータベースのことで、そのデータのつなげ方からリレーショナル（関係）という呼ばれ方をしています。またRDBMSは、その管理システムを指します。

データを保持する形式によって他にも種類があるのですが、一般的にデータベースといわれればRDBMSのことだと考えて問題ないでしょう。この形態のデータベースからデータを取り出すために使う言語がSQLです。

RDBMSのうち、いくつか代表的なものを見ていきましょう。

●MySQL

MySQL（マイエスキューエル）は代表的なRDBMSのひとつです。Oracle傘下で開発が進められているデータベース管理システムで、大量のデータの中から少ないデータを高速に取り出すことに強みがあるため、シンプルで大規模なサービスに用いられます。とはいっても後述するPostgreSQLと機能上での大きな違いはなく、利用者の好みがデータベースの選択の決め手になることもあります。オープンソースのため無料で利用することができます。

●PostgreSQL

PostgreSQL（ポストグレスキューエル）は、MySQLと並び人気のあるデータベース管理システムです。MySQLと比べると多機能ということが特徴だといえます。こちらもオープンソースのため無料で利用することができます。ポスグレと呼ばれることもあります。

●Oracle Database

Oracle Database（オラクルデータベース）は有料のデータベース管理システムの代表格で、世界最大のシェアを誇ります。料金はかなり高額ですが、機能や速度、信頼性が高いことが特徴です。大規模なシステムへの利用に向いているとされます。有料ならではのサポートを受けられるため、自社でデータベース管理システムのメンテナンスをすべて行うのが難しい場合などは最良の選択肢になるかもしれません。

●SQLite

SQLite（エスキューライト、エスキューエライト）は、最も軽量で低機能なデータベース管理システムです。その軽量性から多機能なデータベースを要求しないサービスに用いられるほか、モバイルでの利用や簡単な趣味の製作に用いられることも多いです。データベースサーバーという考え方ではなく、データをファイルとしてアプリケーション内で取り扱います。この性質によりデータベースへの攻撃の影響を受けにくいという特徴もあり、セキュアに扱いたいデータの保存に用いられるというニッチな使い方をされることもあります。

> NoSQL（Not only SQL）

NoSQL（ノーエスキューエル）はNot only SQLの略で、リレーショナルデータベースではないデータベース全般を指します。抽象的には、データ同士の関係性を柔軟に変えることで、自社のサービスに「より最適化された」データベースを構築することができるとされています。前述のRDBMSがSQLを使うことに対し、名前の通りNoSQLではSQLを使いません。

用途としては、データベースの高速化や高機能化といった、特定のサービスに必要な機能を極端に高めたい場合に利用されます。逆にそこまで速度や機能性にこだわらず、汎用性が高いほうが望ましい場合はRDBMSが用いられると考えて良いでしょう。提供しているサービスが基本的にはRDBMSを利用している場合でも、特定の機能に関してはNoSQLを使うといったように、これらを併用することも多いです。

洋服のECサイトに当てはめると、年始の特別セール時など、一定期間だけアクセスが集中することがあります。その際にRDBMSの負荷が高まってレスポンスが悪化し、Webページが表示されない、購入処理が終わらないなどの問題が起きてしまうことがあります。そのような場合にデータベースへのリクエストを一時的にNoSQLの仕組みで補うことで、サービスの体験を損ねないようにするといった仕組みに使うこともできます。

それでは、NoSQLのうちいくつか代表的なものを見ていきましょう。

●MongoDB

MongoDB（モンゴディービー）はドキュメント指向型のNoSQLで、JSONやXMLのような構造を持ったドキュメントを単位としてデータを格納します。MySQLやPostgreSQLの代替として利用されることもあります。

●Cassandra

Cassandra（カサンドラ）はカラム指向型のNoSQLで、一般の行指向型DBと同様に表の構造を持ちつつ、カラム単位でデータを保持します。行指向型のDBでは苦手な列単位の大量集計や大量更新が得意です。Facebookによって大規模なデータ格納を目的に開発されました。

●Redis

Redis（レディス）はキー・バリュー型のNoSQLで、非常に高速です。通常のRDBMSでは、データはディスクやSSDといった保存場所に格納されますが、Redisはデータがメモリ内に保存されるという特徴を持っています。

本節ではRDBMSとNoSQLについて解説しました。まずはおおまかな分類としてRDBMSは堅牢で汎用的であり、NoSQLは高速化や特定の目的のために使われるものだと理解しておきましょう。

Column

●データベースは採用にどう影響するか？

「データベース」は求人票にはほぼ確実に掲載されている単語ですが、実際のところ「意味のある掲載」ができている求人は少ないように思えます。というのも、データベースに関する情報では、どんなデータベース管理システムを用いているのかということよりも、サービス特性を考慮して、**どのようなデータベース管理システムを選び、どのようにデータベースの構造を設計しているか**ということのほうがはるかに重要だからです。

たとえば、「大規模なメッセージングサービスを開発しているため、それに適したNoSQLのHBaseを使う」というレベルの情報であれば、候補者が応募するかどうかの意思決定に影響する可能性があります。しかし、このような表現ができるくらい特徴的なデータベースの使い方をしている企業は決して多くはありません。こうした要因などから、実際のところデータベースは採用において差別化がしづらいポイントであるといえます。

どのRDBMSを使っているかという情報は非常に他社と差別化しにくいのに対し、NoSQLを導入している場合は、「なぜRDBMSだけでは不十分だったのか」「NoSQL中からRedisを選んだのはなぜなのか」といった情報を候補者に伝えることができます。こうした技術選定の理由を深掘りしていくと、たとえば「とにかく高速にデータを返してくれるデータベースを使いたかった」など、サービスと紐づいた話ができるようになり、より説得力のある採用要件が作れたり、面談の際により候補者を惹きつける会話ができるようになったりしていくでしょう。

このような例からも、「各用語の意味を説明できること」よりも、「**その技術をなぜ採用しているのかについて話せるようになること**」のほうがはるかに価値があることがおわかりいただけると思います。

OS（Operating System）を深掘りする

本節ではOSへの理解を深めましょう。

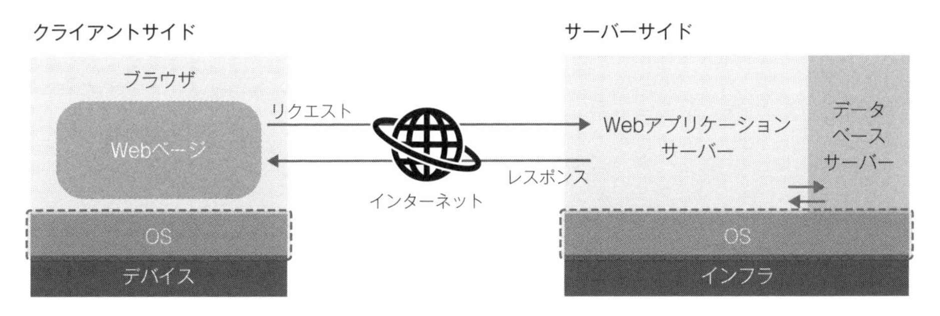

図2-20 OSが関わる領域

OS（Operating System）とは、さまざまなアプリケーションを動かすための基盤となるソフトウェアのことです。OSは、普段私たちが使うスマートフォンやタブレット、PCの中にも搭載されており、さまざまなソフトウェアやアプリケーションがOSの上で動いています。私たちが普段利用するデバイスに搭載されているOSはWindows、macOS、iOS、Androidなどで、これらは耳にしたことがある方も多いのではないでしょうか。一方、サーバーサイドで扱うOSは、CentOSやUbuntuといった普段聞き慣れないOSであることが多いです。これにはさまざまな理由がありますが、最も大きいのはこれらのOSが**オープンソースソフトウェア（OSS）**（143ページ参照）であるため無償で利用できるということでしょう。

たとえば、あるECサイトを開発している企業に開発者が数十人いれば、その開発環境はすべて同じになるようにそろえなければなりません。その際に何度も作ったり壊したりする開発環境ごとにお金を払ったりライセンスを管理したりしていては企業側のコスト面での負荷が大きすぎるので、無償でいくつも使えるというメリットは非常に大きなものになります。

エンジニアとして、さまざまなOSに対する多少の理解があることはHTMLと同様に基礎的な能力です。さらにインフラエンジニアなどは、OSに対して深い知見が必要とされる仕事をしなければならない場合もあるでしょう。

採用業務においては、まずは普段聞き慣れないOSの名前を、**プログラミング言語などの用語としっかり区別して覚えること**が重要です。その上で、**自社で使っているOSの情報が自社と他社を差別化する要因になるのか、またOSの知識は候補者に要求するスキルとして本当に必要なものなのかなどを見極められるようになること**がゴールです。

それでは、代表的なOSを詳しく見ていきましょう。

> PCに搭載されるOS

PCに搭載されるOSには、次のようなものがあります。

●Windows

一般的なPCにインストールされているOSといえば、**Windows**（ウィンドウズ）のことを指すでしょう。市販されているPCを購入すると大概はWindowsがインストールされています。WindowsのことをPCそのものだと思っていて、それ以外のOSはまったく知らない人もたくさんいると思いますし、逆にmacOSなどを知っている人はWindowsも当然知っているでしょう。

Windowsは、Microsoftが作ったOSで、2020年3月現在の一般的な最新バージョンはWindows 10です。開発機としてWindowsを好むエンジニアは多くはないですが、Windowsを使って開発しているエンジニアももちろんいます。

●macOS

Windowsを搭載していない一般的なPCは、ほぼAppleが開発している**macOS**（マックオーエス）を搭載していることになるでしょう。AppleのiPhoneやiPadなどの周辺機器と相性が良いというのも相まってMacが広まり、今では一定のシェアを獲得しています。

OSの名称については1997年にMac OSがリリースされて以降、Mac OS X（2001年）→OS X（2012年）→macOS（2016年）と細かな変更が加えられてきました。開発するための環境としてmacOSを利用しているエンジニアも多いです。

●Unix

Unix（ユニックス）は、開発者向けあるいはサーバー向けのOSのルーツとなるようなOSです。macOSや、後述するLinuxやUbuntuなどのOSはUnixをもとにしてできており、総称してUnixベースのOSなどと呼ばれることもあります。

●Linux

Linux（リナックス）はオープンソースのOSで、サーバーとして使われることが圧倒的に多いです。オープンソースであるため無料で中身も公開されており、多くの人々によって開発や改良が続けられています。Linuxを組織あるいは個人でそれぞれの理念のもとに改良したものは「Linuxディストリビューション」と呼ばれ、代表的なものとしてはUbuntuやCentOSなどがあります。

●Ubuntu

Ubuntu（ウブントゥ）はLinuxディストリビューションのひとつで、企業の支援を受け、高品質を維持しながら非常に速いペースで開発され続けています。個人利用のみならず、企業や組織によって運営されている大規模なプロダクトで採用されていることも多いです。また、有志による日本語へのローカライズを行う組織が存在し、参考書なども多いので、日本でも非常に大きい存在感を保っています。

●CentOS

CentOS（セントオーエス）はLinuxディストリビューションのひとつで、Red Hat Enterprise Linuxという有償のLinuxディストリビューションと同等の機能を持ちながら無償で使えることを目指したOSです。

>モバイルデバイスに搭載されるOS

モバイルデバイスに搭載されるOSには、次のようなものがあります。

●iOS

iOS（アイオーエス）もmacOSと同じくAppleが開発したOSです。macOSがPC用なのに対し、iOSはiPodやiPhone、iPadといったPC以外のAppleの機器用に開発されています。

●Android

Android（アンドロイド）はLinuxカーネルとその他オープンソースソフトウェアをもとにGoogleが開発したOSです。iOSとは対照的に他の企業にも公開されています。Androidが搭載されたスマートフォンは爆発的に広がっており、世界でのシェアも圧倒的なNo.1を誇っています。スマートフォンだけでなく、カーナビや車、メガネなどにも搭載されてきており、今後も広がっていく見込みです。

Column

●OSは採用にどう影響するか？

採用業務で最初に意識すべきことは、**そのOSの名前を使って何を説明しているのか**ということです。たとえば、「Ubuntuで開発しています」といったようにエンジニアが開発する環境の説明をしているのか、「iOSのアプリを開発していただきます」といったように開発するプロダクトが動く環境の説明をしているのかをしっかり区別する必要があります。

働く環境として、エンジニアの自由度が高い企業では業務で使うPCのOSを自由に選べる会社が多いです。一方、SIerや歴史ある企業ではOSが指定されることも多いようです。特にエンジニアは、本人が慣れ親しんだ環境で作業できることを重視します。過度に古いOSの利用を強制したり、作業環境の自由度が低かったりといった原因でエンジニアに敬遠されないような文化を作れると良いでしょう。

インフラを深掘りする

本節ではインフラへの理解を深めましょう。

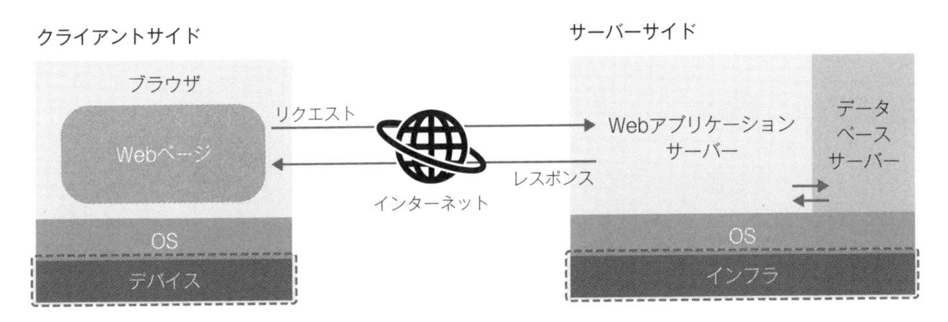

図2-21 インフラが関わる領域

インフラとは、さまざまなソフトウェアを動かすための土台となる、コンピュータなどの機材やネットワークの設備などのことです[8]。インフラがなければどのようなサービスも動きません。「サーバー」もインフラの上で動くものに含まれます。特にインフラのことを強く意識する場合はサーバーの構築が主題になっていることが多いでしょう。

インフラの最も大きな分類として**オンプレミス**と**クラウド**があり、この2つがよく比較されます。オンプレミスは自社で物理的にコンピュータやネットワークなどを用意してデータセンターを構築することを指します。クラウドはその逆で、AWSやGCPといったパブリッククラウドサービスを利用してインフラを構築します。近年は、サーバー管理の手間を省けたり従量課金制などによって簡単に利用分を調整できたりするといったメリットから、多くの企業がパブリックク

8　たとえば、Webアプリケーションサーバーを動かしているコンピュータはWebアプリケーションサーバーにとってのインフラですが、これをクライアントサイドに置き換えると、iPhoneで動いているブラウザにとってのインフラはiPhoneというデバイスそのものになります。

ラウドサービスを利用しています。
なお、本節ではリクエストを受け取るHTTPサーバー(Apacheやnginxなど)やアプリケーションを動かすアプリケーションサーバー(Unicornなど)、メール、データベース、検索サーバーなどを総称して単にサーバーとして記載しています。実際には機能別に細かく役割が分かれており、それぞれの機能を実現するソフトウェアがあります。
また、本節で紹介したものはソフトウェアのおおまかな構造ですが、IoTなどの電気電子系のエンジニア、組み込みエンジニアなどの職種を採用する際には、広い意味でのインフラを実現する**ハードウェアがどのように関わっているかを意識する必要**もあります。さらに発展的な用語としては、それらのソフトウェア・ハードウェア間でのやり取りの決まり事として、プロトコル(HTTP、SMTP、TLS、TCP、IPなど)に関する用語が履歴書などに現れるケースもあります。採用時にそれらの発展的な用語までしっかり吟味し判断することは稀なのでここでは解説しませんが、気になる方や業務でこうした用語を取り扱う方はぜひ追加で勉強をしてみてください。
2020年時点でインフラに関する用語で採用業務においても重要なものは**パブリッククラウドサービス**に関するものに限られるといっても過言ではありません。そこで本節では、最初にパブリッククラウドサービスに関係する用語で重要なものを詳しく見ていき、その後にインフラに関連する重要な用語を解説します。

> パブリッククラウドサービス

パブリッククラウドサービスとは、サーバー用のコンピュータやネットワーク設備などのハードウェアを所有することなく、企業でも個人でも利用したい人が必要なだけインフラ環境などを使えるようにするサービスのことです。
パブリッククラウドサービスに関する用語は昨今の求人票や採用要件で頻出します。AmazonやGoogle、Microsoftといった大手IT企業がこぞってパブリッククラウドサービスを提供しています。本項では、特によく使われるサービスであるAWS、GCP、Microsoft Azureについて解説します。

● AWS(Amazon Web Services)

AWS（エーダブリューエス）はAmazonが提供するパブリッククラウドサービスで、Amazon Web Servicesの略称です。2004年からサービスを提供しているシェアNo.1のサービスで、パブリッククラウドのデファクトスタンダードともいえるサービスなので、パブリッククラウドを比較検討する際にはまず候補に入れるべきでしょう。

AWSは非常に多くの機能を持っており、機能ごとにサービス名が分かれています。ここでは、AWSの代表的なサービスの名前と概要をいくつか紹介します。

- Amazon EC2(Elastic Compute Cloud)

Amazon EC2（イーシーツー）は、CPUやメモリ、ストレージといったスペックをある程度自由に決めてコンピュータを借りられるサービスです。ユーザー目線では、Webサービスなどを公開するためにサーバーを借りる「レンタルサーバー」や「VPS」といったサービスと近い使われ方をするものと考えても良いでしょう。

- Amazon RDS(Relational Database Service)

Amazon RDS（アールディーエス）は、前述のRDB（リレーショナルデータベース）をクラウド上で実現するためのサービスです。データベースの性能を自由に管理できたり、バックアップをとりやすかったりするというメリットがあります。PostgreSQL、MySQL、Oracle Databaseといった主要なRDBMSには当然対応しています。

- Amazon S3(Simple Storage Service)

Amazon S3（エススリー）は、データを安価に保存するためのストレージサービスです。AWS内のファイル置き場として最も基本的な場所であるという解釈でも構いません。AWSの他のサービスとの連携が容易にでき、保存されているデータを分析するためのサービスとの相性も良いです。アクセス頻度が低いデータを長期間保存しておきたい場合にはAmazon S3 Glacier（グレイシャー）といったサービスもあり、うまく使い分けることでコストを削減できることもあります。

出典：https://www.tis.jp/service_solution/aws/

図2-22 AWSのサービスの一部

●GCP（Google Cloud Platform）

GCP（ジーシーピー）はGoogleが提供するパブリッククラウドサービスで、Google Cloud Platformの略称です。Google検索やGmail、YouTube、Googleマップなど、Googleの各種サービスと同等の、高性能で高速、セキュアで安定した強固なインフラを利用することができます。

前述のAWSの基本的なサービスに関してはGCPでも同様に提供されています。たとえばAWS EC2はGoogle Compute Engineに、AWS RDSはGoogle Cloud SQLに、AWS S3はGoogle Cloud Storageに対応しています。

Googleがデータ分析や機械学習に非常に大きな強みを持っている点を反映して、サービス系アプリだけでなく、わずかな時間でテラバイト単位のビッグデータを処理できるBigQueryや、機械学習のためのCloud Machine Learningといったサービスもあるので、こうしたサービスを利用したアプリケーションを作りたい場合などはGCPの利用が検討されるでしょう。

●Microsoft Azure

Microsoft Azure（マイクロソフト・アジュール）は、Microsoftが提供するパブリッククラウドサービスです。Office 365などのMicrosoft製品との親和性の高さが特長のひとつなので、クラウド導入後もMicrosoft製品との連携が要件に入る場合は最初に検討されるパブリッククラウドサービスになるでしょう。

>その他の代表的なソフトウェア・サービス

ここからは、パブリッククラウドサービス以外で特に重要なインフラ関連用語を紹介していきます。難しい概念や用語も紹介するため、すべてを理解する必要はありませんが、自社の採用要件などに現れる場合は、調べたりエンジニアに聞いたりして理解を深めておくと良いでしょう。

●Vagrant

Vagrant（ベイグラント）は開発環境の構築を助けるコマンドラインツールで、Windows、Mac、Linuxなど幅広いプラットフォームで使用することが可能です。

エンジニアが開発をするとき、エンジニアごとに開発環境を立ち上げる必要がありますが、その実現方法のひとつがVirtualBoxやVMWareといった仮想化ソフトウェアを使うことです。こうしたソフトウェアを使うと、個人のPC上などに仮想的な開発環境を用意することができます。VagrantはVirtualBoxやVMWareを用いた仮想環境の構築を簡単なコマンドで実行できるようにするためのツールです。

●Docker

Docker（ドッカー）は、コンテナ[9]と呼ばれる仮想化環境を提供するオープンソースソフトウェアのひとつです。先に述べたVMWareなどのソフトウェアと比べて、ディスク使用量が少なく仮想環境の作成や起動が速いという利点を持つため、近年急速に普及しています。

●Kubernetes

Kubernetes（クーバーネイティス）は、前述のDockerを用いて構築されるようなコンテナ化したアプリケーションの管理を効率良く行うためのシステムの

9　コンテナはアプリケーションやライブラリの実行に必要なリソースをホストのOSから分離して実行できるようにしたものと説明されますが、採用文脈ではここまで詳細な内容を理解しておく必要はないでしょう。

中で最も代表的なものです。こうしたシステムはコンテナオーケストレーションシステムと呼ばれます。Googleが設計したシステムで、現在はCloud Native Computing Foundationがメンテナンスを行っています。「k8s」と書かれることもあります。

●Elasticsearch

Elasticsearch（エラスティックサーチ）はオープンソースの検索エンジンで、Elastic社が中心となって開発が進められています。テキストやログなどのデータを検索エンジンの中に追加すると、それらのデータの中から高速かつ正確に検索を行うことができるようになります。また、このElasticsearchのデータを可視化するために**Kibana**（キバナ）というツールを用いてダッシュボードを構築することも多いです。

Column

●オンプレミスとクラウドのメリットとデメリットは？

まずは自社のインフラがオンプレミスなのかクラウドなのかを確認しましょう。

オンプレミスは決して小さくない額の初期投資が必要ですが、ひとたびデータセンターを構築すれば、運用コストを抑えることができたり非常に高速な処理にも対応できたりするという特徴から、広告配信のためのサービスなどで活用されることがあります。

一方クラウドは、初期投資がほとんど必要ないこと、災害などのリスクへの対策が充実していること、管理が楽であること、拡張性が高いことなどのメリットがあります。

最近ではオンプレミスとクラウドを組み合わせたハイブリッドクラウド運用をしている企業もあり、自社がどういった理由からどのようなインフラ構成をとっているかを考えると面白さを感じると思います。

●仮想化とは？

本節でVagrantやDocker、Kubernetesといった仮想化環境にまつわる用語を取り上げましたが、これについて補足しておきます。

サービスを実際に稼働させる本番環境と、エンジニアが開発している開発環境の設定が違うと、開発中には動いていたものが本番環境では動かないことがあります。そのため、本番環境と開発環境の差分をなくしたいのですが、ハードウェアを含むインフラ環境を本番環境と開発環境の両方で用意することは費用やメンテナンスの観点から実質的に不可能です。

そこで、ソフトウェア環境の中で独立させたい粒度を決め、その部分を隔離してさまざまなハードウェアの上で動くようにし、本番環境と開発環境のハードウェアが異なっていても開発に関わる重要な部分の環境をうまくそろえようという考え方を**仮想化**と呼びます。仮想化のためのツールは、その仮想化の粒度の違いにより、仮想マシンとコンテナに分類されます。最近よく聞くDockerはコンテナを実現するためのツールとして最もよく使われているものです。

コンテナがよく使われるようになった背景には、普段皆さんが使われているようなさまざまなWebサービスの進化があります。たとえば、インターネット回線が高速化したことによって、昔はできなかった高画質な動画のリアルタイム配信が現実的にできるようになりました。動画のリアルタイム配信で行われている処理を考えてみると、配信者が撮影した動画がサーバーに送信され、サーバーは動画データを視聴者が見られるように処理し、視聴者のクライアントに対して大量のデータを送信しなければなりません。また、視聴者からはコメントが寄せられます。動画の処理や配信、コメントの処理などを短い時間のうちに行わなければユーザーは満足しません。人気の配信であれば数万人、あるいは数十万人が同時に視聴することもあるでしょう。

こうした大量のトラフィックやデータを処理するためには、1つのサーバーでは限界があるので、同じ環境を持つ複数のサーバーを用意してそれらに処理を割り振ることが一般的です。そして、同じ環境を高速に立ち上げるためにコンテナ技術が重視されています。また、トラフィックの量に応じてコンテナを自動で立ち上げたり潰したりするといった、管理の自動化を行ってくれるツールとして最も有名なものがKubernetesです。

DockerやKubernetesといった用語は、説明だけでは理解するのが難しかったと思いますが、実際の使われ方をイメージすると少しはわかりやすくなるのではないでしょうか。コンテナは特段新しい概念というわけではありませんが、時代の要請も相まって非常によく使われるようになったものです。気になる方は仮想化の歴史をたどってみるのも楽しいですよ。

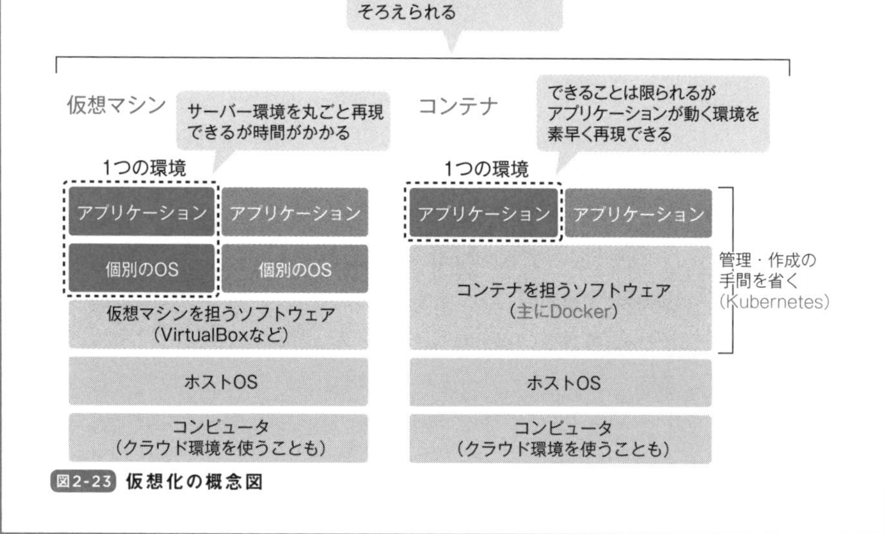

図2-23 仮想化の概念図

STEP UP

ワンランクアップ「作るもの」

●「枯れた」技術

プログラミングやITの業界は非常に発展が早いので、次々と新しい技術が登場してはさまざまなエンジニアが飛びつき、使われ続けるものもあればすぐに消えていくものもあります。とにかく新しいものが良いもので、業務に活かしやすいかといえば一概にそうとはいえません。

エンジニアの間で使われる「枯れた」という表現をご存知でしょうか。これは、世界中でさまざまなシチュエーションでさまざまな人たちに使われてきて、最近は大きく変化がないようなものを指して使う用語です。こういうとネガティブに聞こえるかもしれませんが、よく使われて改善され、最近は大きな問題が起きていないという意味で、「枯れた」技術というのはポジティブな表現なのです。特に銀行の業務システムのような安定性が求められるようなサービスを開発する際には、「枯れた」技術を優先的に使うという技術選定が行われるのはとても自然なことです。もちろん、新しい技術は古い技術の問題を解決するために生まれるものですから、新しい技術を試したり改善したりすることもとても大事です。ただ、新しい技術とよく使われる古い技術はそれぞれに良さがあることを認識しておくのは重要でしょう。

●バージョン

プログラミング言語や各種用語は、「Python 3.8.1」といった番号付きの表記になっていることが多いです。これはバージョンといって、「iPhone 11」などと同じく、そのシリーズの順番や状態を示す表現です。ブログ記事やQ&Aサイトではまじめに「Ubuntu 18.04, Nginx 1.14.0, Python 3.7」といったように、この数字付きの情報が書かれることがあります。これは、バージョンが違えば同じコードを書いても動きが違うことがあるためです。

一方でバージョンに依存しにくかったり、もしくはそのバージョンを使うことが常識となっていたりする場合には、いちいちバージョンを明記しないこともあります。たとえばHTMLは2014年にHTML5が勧告されましたが、今ではHTMLと書けば多くのエンジニアがHTML5だと考えるはずです。

採用業務では、求人票で登場した用語の後ろに付いている数字がバージョンを表すのかどうかを理解できる程度の知識があれば十分です。「応募者が書いているHTML5は求人票のHTMLとは違うから通せない」といった失敗をしてしまわないように注意できていれば大丈夫です。

●アーキテクチャ

アーキテクチャは建築などの分野でよく使われる表現ですが、コンピュータやソフトウェアの分野でも使われ、システムやソフトウェア、ハードウェアの設計を指します。ハードウェアの仕様のことを指すこともあれば、何らかのサービスを実現するためにさまざまなWebサービスを組み合わせた構造のことを指すこともあります。例として、いくつかのユースケースを実現するためにAWSの各サービスを組み合わせたアーキテクチャの一覧を紹介します。

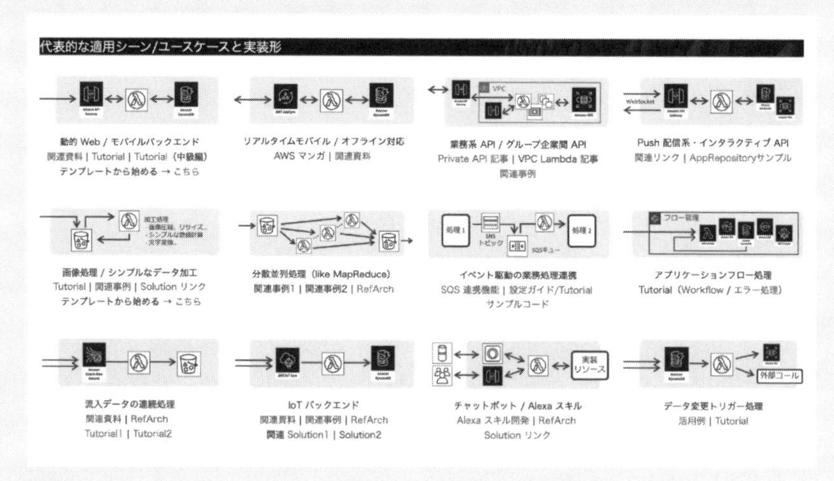

出典：https://aws.amazon.com/jp/serverless/patterns/serverless-pattern/

図2-24 AWSの各サービスを組み合わせたアーキテクチャ

「○○という目的に対してこのようなアーキテクチャを組んでいる」という情報は図2-25のようにまとめられ、テックブログや勉強会でよく目にします。こうしたアーキテクチャの図では、使っているサービスのロゴ画像を用いて要素を表現していることも多いので、わからなければ最初は自社のエンジニアに聞いてみるのが良いでしょう。

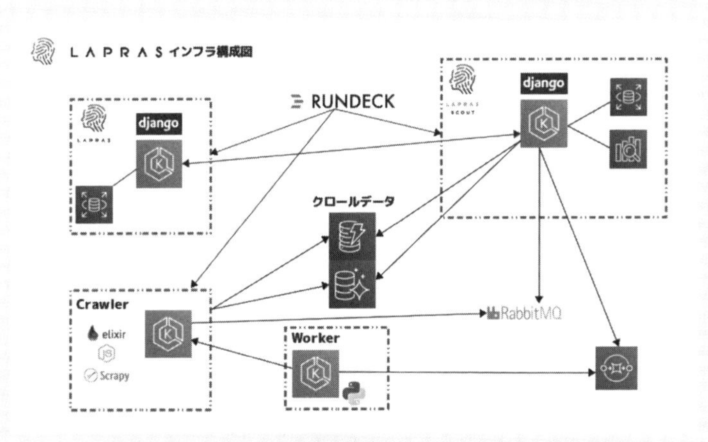

出典：「LAPRAS HR TECH LAB」
URL https://hr-tech-lab.lapras.com/knowhow/technology_stack/
図2-25 LAPRAS社のインフラの構成図

●誤字脱字は避ける

本章ではさまざまな技術用語を紹介してきました。最後に1つだけお伝えしたいのは、絶対に技術用語の誤字脱字は避けるようにすべきだということです。スペルミスだけではなく、大文字小文字の区別、半角スペースと全角スペースの区別もしっかり意識してください。大げさと思うかもしれませんが、こうした細かい表記のミス1つであっても、「レベルの低い会社だ」とみなすエンジニアすら存在します。

一通り知識が身に付いた今、一度自社で公開している採用要件の用語の表記を改めて見直してみてはいかがでしょうか。そうした細かい違いに対して誠実に向き合うのがエンジニア採用の第一歩です。

学習編

第3章

作る人から学ぶ

本章では、エンジニアのさまざまな職種について見ていきます。第2章で学んだWebアプリケーションの構造のさまざまな要素について、**「誰が」作っているのか**を意識しながら、関連する用語を整理していきましょう。

全体の構成は、図3-1のようになります。

一言で「エンジニア」といっても、これをさまざまな切り口でさらに細かく分けることができます。これはエンジニア以外の職種と同様で、たとえば「人事」という職種をさらに分割することを考えると、採用と育成といった業務プロセスで分けることもあれば、エンジニア職採用と営業職採用といった扱う対象で分けることもあるでしょう。また、人事マネージャーがいればアシスタントもいるかもしれません。本章では、エンジニアという職業をさらに細かく分類して説明することで理解を深めていきます。

職種の名前は第2章で説明したWebアプリケーションの構造と紐づいているものも多いです。本章では第2章で取り上げた技術用語を使いながら解説をしていきますので、ぜひ復習しながら読み進めてください。そして第2章と同様、用語の説明のために洋服のECサイトの例を使って説明していきます。Webアプリケーションの構造に関する技術用語と職種を関連づけながら読んでいくと良いでしょう。

職種を俯瞰する	受託会社と事業会社 人のマネジメントと技術のマネジメント
扱う領域に紐づく職種を深掘りする	フロントエンドエンジニア
	サーバーサイドエンジニア
	データベースエンジニア
	インフラエンジニア
	SRE
	モバイルエンジニア
	組み込みエンジニア
	ネットワークエンジニア
	セキュリティエンジニア
	QAエンジニア
	機械学習エンジニア、データサイエンティスト
	ゲームエンジニア
	AR・VRエンジニア
	ブロックチェーンエンジニア
	フルスタックエンジニア
マネジメントや職位に関連する職種を深掘りする	プロダクトマネージャー
	プロジェクトリーダー
	プロジェクトマネージャー
	スクラムマスター
	プロダクトオーナー
	アーキテクト
	エンジニアリングマネージャー
	エキスパート／スペシャリスト
	テックリード／リードエンジニア
	CTO
	VPoE

図3-1 第3章の構成

職種を俯瞰する

まずはおおまかに職種を分類して俯瞰してみます。図3-2のように**受託会社に紐づく職種か事業会社に紐づく職種かという分類**と、**何をマネジメントするかという軸に基づく分類**の2つの切り口から眺めてみましょう。

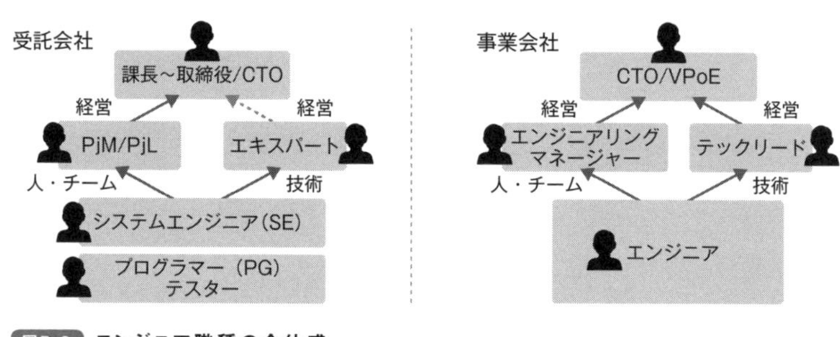

図3-2 エンジニア職種の全体感

>受託会社と事業会社

まず開発するプロダクトやサービスが顧客の依頼なのか自社のものなのかという観点から会社を大きく分類することができます。本書では、顧客の依頼でプロダクトやサービスを開発する会社を「**受託会社**」、自社のプロダクトやサービスを開発する会社を「**事業会社**」と呼ぶことにします。

一口にエンジニアといっても、受託会社と事業会社によって使われる職種の名前の種類やキャリアパスは大きく異なります。また、エンジニアリングやプログラミングの技術を使うという点では共通していても、カルチャーや働き方、開発で重視されるポイントや開発工程などは異なっています。もちろん、自社の事業を行いつつ受託開発を請け負う企業などもありますので、必ずしもすべての会社が受託会社か事業会社のいずれかに分類できるわけではありません。あくまでおおまかな分類であることには注意しつつも、その違いを捉えておくようにしましょう。

受託会社は多くの場合、**SIer**（System Integrator）や**ITベンダー**と呼ばれます。そして、『IT人材白書2019』によると、日本のエンジニアの約70%がこの受託会社で働いています[1]。

受託会社に所属するエンジニアは、受託開発や客先常駐で顧客のプロダクトの開発を進めます。契約形態にはSES[2]や請負契約といったものがあり、大手のSIerが中小のSIerに開発を発注する下請け構造になっていることもしばしばあります。そのためSIerでの業務は、プログラミングや設計の他にも、プロジェクトの管理、顧客との調整、下流のSIerのマネジメントなどの比重が高くなる傾向にあります。

受託会社とは異なり、プロダクトやサービスを自社開発する事業会社に従事するエンジニアが残りの約30%を占めます。事業会社には、Web系企業（クックパッドなど）、システム開発会社（Oracleなど）、メーカーなどの企業での社内SEなどが含まれます。単に事業会社といっても業務の範囲や開発工程は異なりますので、事業会社ならすべての要素が同じということはありません。

受託会社で働くエンジニアと事業会社で働くエンジニアの構図を少し強引に他の業界と対応付けて考えてみると、広告代理店などのマーケティング支援企業で働くことと、自社製品のマーケティングチームで働くことの違いと似ているといえるでしょう。他には採用を支援している企業で働くことと、社内の人事部で働くことの違いと似ているといっても良いです。特徴として、この支援側の業界規模が十分に大きいため、「エンジニアといえばSIerで働く」といったキャリアパスが一般的であることが挙げられるでしょう。

ただし、近年ではこの動きも徐々に変わりつつあります。今までは開発を外注していた大企業もデジタルトランスフォーメーションの流れを受けて開発を内製化しようという動きが起きていたり、開発の目的が自社の業務の効率化から自社サービスの開発に変化したりすることで、人材が受託会社から事業会社に移っている傾向があります[3]。

1　独立行政法人情報処理推進機構（IPA）社会基盤センター『IT人材白書2019』「IT企業（IT提供側）のIT人材推計結果」より、IT人材推計の合計値に占める受託開発ソフトウェア業の割合
https://www.ipa.go.jp/jinzai/jigyou/hakusho_dl_2019.html

2　システムエンジニアリングサービス。ここではエンジニアを派遣する契約形態全般を指します。

3　独立行政法人情報処理推進機構（IPA）社会基盤センター『IT人材白書2019』「3. IT人材の流動性は高まるのか」より
https://www.ipa.go.jp/jinzai/jigyou/hakusho_dl_2019.html

>人のマネジメントと技術のマネジメント

エンジニアのキャリアパスは、おおまかには図3-3のようになっています。受託会社と事業会社で異なりますが、主に**人のマネジメントをする能力を伸ばすのか技術力を伸ばすのか**によりキャリアパスが変化します。

人のマネジメントをする場合は、受託会社ではただ開発するだけのプログラマーやシステムエンジニアの枠を超え、プロジェクトの管理や顧客との調整などの業務にも携わることになります。それに対して事業会社では、エンジニアリングマネージャーとして、開発チームメンバーの人員配置や採用、1on1やコーチングといった業務にも関わることになるでしょう。

エンジニアの中には人のマネジメントに興味がなく、技術力を伸ばすことだけに集中したい人もいます。こうしたエンジニアを正しく評価して適切な待遇で迎え入れるため、技術力を追求したい人向けのキャリアパスも用意されるようになってきました。特に事業会社では、そうした人はスペシャリストやテックリードといった役職で呼ばれています。技術力を伸ばす場合は、エンジニアとして第一線で活躍しながらも、プロダクトやサービスを開発するためにどういった技術を使うのかといった技術選定や、社内のエンジニアの育成といった業務にも関わることがあるかもしれません。

マネージャーやスペシャリストとして活躍したエンジニアは、さらにCTOやVPoE（Vice President of Engineering）といった役職に就くこともあります。こうした役職を担当する人は必然的に経営に携わることになるため、エンジニアリングに関する能力だけではなくビジネスに関する能力も身に付ける必要があるでしょう。

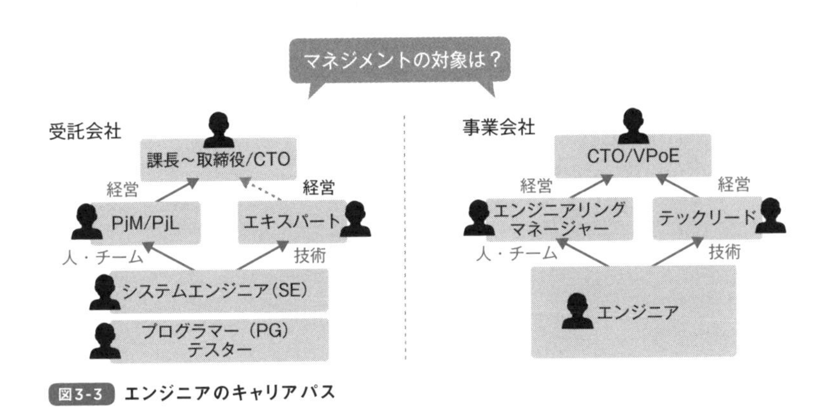

図3-3　エンジニアのキャリアパス

俯瞰から深掘りへ

第2章のWebアプリケーションの構造で説明した用語は、そのまま職種の名前として使われているものもあります。さらに、前述のキャリアパスや、第4章で紹介する開発における役割からつけられる職種名もあります。受託会社と事業会社ではよく使われる職種名が異なっており、さらにいえば職種名が同じでも企業によって実際の仕事内容には細かい違いがあります。そのため、本章で一般的な職種名と業務を理解した上で、自社のエンジニアの実際の業務内容や採用要件を確認すると自社の特徴が見えてくると思います。

それでは、扱う領域から名付けられる職種名と、マネジメントの対象や職位から名付けられる職種名に分け、それぞれ詳しく紹介していきます。

扱う領域に紐づく職種を深掘りする

本節では、第2章で解説したWebアプリケーションの構造とも強く関連する、**扱う領域から名付けられる職種**についての解説をしていきます。

また、それぞれの職種について、**一般的なコアスキルとサブスキル**も同時に挙げておきます。たとえばフロントエンドエンジニアの「JavaScriptが使える」とサーバーサイドエンジニアの「JavaScriptが使える」では意味が異なります。各職種ではコアスキルに関しては熟練性が求められますが、サブスキルであれば触ったことがあったり、いざとなれば書けるという程度の理解でも問題ないことが多いです。もちろん企業によって職種に要求するコアスキルやサブスキルは異なりますから、状況に応じて現場から上がってきた要件に濃淡をつける必要があるでしょう。

それでは、実際に各職種について見ていくことにします。

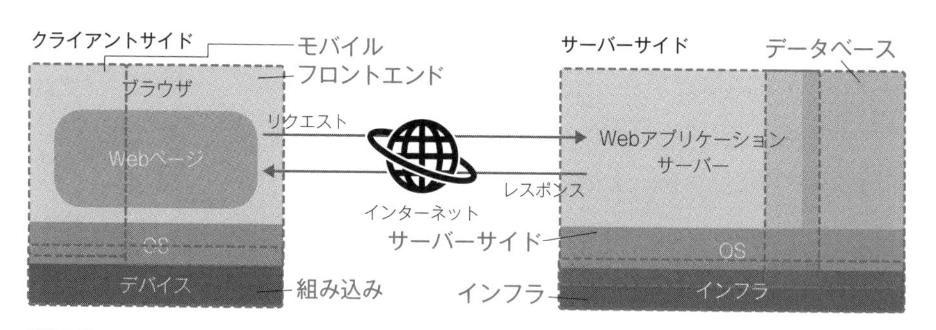

図3-4 扱う領域に紐づく職種

>フロントエンドエンジニア

フロントエンドエンジニアは、サービスの中でユーザーが直接見ることになるインターフェイス部分の実装を主に担当するエンジニアです。洋服のECサイトであれば、ブラウザで見るトップページや購入ページなどの見た目や挙動を実装するイメージです。Webサイトのデザインは主にデザイナーが定義しますが、フロントエンドエンジニアはHTMLやCSSを用いてデザインをサービスとして実装したり、JavaScriptなどを用いてサーバーサイドとの連携を実現したり、場合によってはデザインの一部を担当したりします。

第2章で紹介したプログラミング言語の中では、特にHTML、CSS、JavaScriptを業務でよく使うことになるでしょう。また、JavaScript関連のライブラリやフレームワークにも詳しいことが望ましいです。本書執筆時の2020年3月までの数年でもコンピュータの性能が大幅に向上したため、それに伴って非常に技術のトレンドの移り変わりが激しい分野でもあります。最近はSPAの流行や、React、Anguler、Vue.jsといったフレームワークの人気の高まりが特徴的ですが、2〜3年後にはまったく別のトレンドになっている可能性も十分にあります。

コアスキルとしてHTML、CSS、JavaScript、そしてJavaScriptのフレームワークといったクライアントサイド領域に関する技術や知識、サブスキルとしてサーバーサイド、デザイン、UI/UX領域に関する技術や知識が求められることが多いです。

Memo

フロントエンドエンジニアには、ユーザーが見て操作する部分を全般的に扱うことが求められます。そのため、自社でフロントエンドエンジニアを採用する場合、**デザイナーやサーバーサイドエンジニアの布陣をよく考慮する必要があります。**

>サーバーサイドエンジニア

サーバーサイドエンジニアは、サーバーで行われる処理やデータを取り扱う部分の実装を主に担当します。Aというリクエストがあった場合にはBという処理を行いCというデータを返すといった、システムのコアの部分を作ったり、どのようなデータをどのように扱うのかというデータベースの設計をしたりすることもあります。洋服のECサイトに当てはめると、ログイン機能、データベースへの情報の格納や抽出、検索機能、ページ遷移、購買機能といったさまざまな処理を実装することになるでしょう。

なお、サーバーサイドエンジニアという名称の職種が、実質的にはデータベースエンジニアやインフラエンジニアを含んでいる場合もあります。したがって、基本的な技術セットとしては、サーバーサイドの実装に用いられる何らかのプログラミング言語を理解している必要があるでしょう。特にWebアプリケーション開発のサーバーサイドに関しては、RubyやJavaなど言語ごとに使われるWebフレームワークが異なりますので、**自社で使っているプログラミング言語に関連するWebフレームワークが採用要件に入る**ことがあります。代表的なプログラミング言語とWebフレームワークのペアはRubyとRuby on Rails、PythonとDjangoなどです。

サーバーサイドエンジニアはフロントエンドエンジニア同様、業務範囲に幅のある職種です。一言で「サーバーサイドエンジニア」といっても、フロントエンド寄りの業務からインフラ寄りの業務までほとんどすべてをフルスタックに担当する場合もあれば、クローラーや検索エンジンといった特定の機能の開発を集中的に行うこともあります。フロントエンドエンジニアの対になる職種として扱われ、フロントエンド以外全部を担当するということもあるでしょう。

コアスキルとして何らかのプログラミング言語への深い理解とそれを用いたサーバーサイドの開発の経験、サブスキルとしてデータベース、インフラ、フロントエンド領域に関する技術や知識が求められることが多いです。

>データベースエンジニア

データベースエンジニアは、データベースの設計、開発、管理、運用などをするエンジニアのことです。受託会社で委託されたシステムのデータベース導入に携わることもあれば、事業会社でのデータベース設計を担当することもあります。データベースエンジニアは、データに責任を持つデータ管理者（DA：Data Administrator）とデータベースに責任を持つデータベース管理者（DBA：DataBase Administrator）の両方の役割を担うことになります。

Webサービスを提供している会社では、サーバーサイドエンジニアがデータベースに関する業務を兼ねることもあります。

コアスキルとして前述のデータベースの設計や運用の経験や知識は必須で、特定のデータベース製品に関する深い知識が求められる場合もあります。サブスキルとしてはサーバーサイドやインフラの技術や知識が求められることが多いでしょう。

Memo

Oracle Databaseなど特定の製品を扱うデータベースエンジニアの場合は、その製品専門の資格があるため、**資格の有無が能力を判断する助けになる**こともあります。製品専門の資格のことをベンダー資格といい、その製品に精通していることを示すひとつの証拠になります。ベンダー資格とは別に、経済産業省の管轄下にある独立行政法人 情報処理推進機構（IPA）が提供しているデータベーススペシャリスト（合格率10%前後）という資格も有名です。以上のことから、データベースエンジニアは他の職種に比べて資格を能力の判断材料として使いやすい職種だといえるでしょう。

>インフラエンジニア

インフラエンジニアは、サービスを運用するための土台となるコンピュータやネットワークなどの機材や設備を設計したり管理したりするエンジニアです。75ページで説明した通り、扱うものは大きくオンプレミスとクラウドに分かれますが、いずれにせよサービスが安定的に提供される環境の構築と維持を担当するという観点では変わりありません。

会社やサービスによっては、サービスの状態をモニタリングするツールの導入、サービス開発を担当するエンジニアが効率良く開発できるようにするための環境の整備、大規模なデータを取り扱う分散処理基盤の構築など、さらに特徴的な業務を担当することもあります。近い領域としてインフラエンジニアの業務にサーバー構築、ネットワーク構築、データベース構築などが含まれることもありますが、これは会社によって違いのある部分なので、興味がある場合は自社のインフラエンジニアがどの部分を担当しているのかを聞いてみるのが良いでしょう。

コアスキルとしてもちろんインフラやOS、場合によってはハードウェアに関する技術や知識、サブスキルとしてネットワーク、セキュリティ、サーバーサイドに関する技術や知識が求められることが多いです。

> SRE（Site Reliability Engineering）

SREはSite Reliability Engineeringの略で、システムの信頼性を高めることを責務とするエンジニアです。SREを日本語に無理に訳すとサイト信頼性エンジニアとなりますが、このように呼ばれることはほぼなく、そのままSREと呼ぶのが一般的です。システムが安定的に動き続けるという信頼性がサービスの価値提供のために重要な要素のひとつと認識されるようになってきたのを受けて、こうしたシステムの信頼性の担保を明示的に担う役割が生まれました。

SREという職種は、プロダクトやサービスへの貢献をより強く意識するインフラエンジニアの新しい呼び方として解釈しても良いでしょう。そのため、コアスキルやサブスキルはインフラエンジニアに要求されるものとほぼ同等であると考えて問題ありません。

>モバイルエンジニア

モバイルエンジニアは、スマホアプリの開発を担当するエンジニアです。プログラミング言語の観点で見るとiOSはSwiftやObjective-Cが、AndroidはJavaやKotlinがよく使われますし、iOSはApple製品にしか搭載されませんがAndroidはさまざまな機種に搭載されるなど、モバイルアプリの開発はOSによってかなり特徴が異なります。そのため、「iOSエンジニア」、「Androidエンジニア」といったようにOSの名前を使って呼ばれることもあります。それに伴って、特定のOSでのアプリ開発に詳しいモバイルエンジニアが多い傾向があります。

コアスキルとしてモバイルアプリの実装の経験が必要で、得意とするOSに関してはハードウェア的な特性に関する知識も持っておくことが望ましいです。サブスキルとしてはサーバーサイド、デザイン、UI/UX領域に関する技術や知識が求められることが多いです。

>組み込みエンジニア

組み込みエンジニアは、家電製品や機器など「独立した機械の中に組み込まれたコンピュータを制御するためのシステム」を開発するエンジニアです。

C/C++、Javaなどの言語を使って開発することが多く、レスポンスが早く安定性があるシステムが求められます。また、システムを搭載する先のハードウェアに関する深い知識が必要で、実際に動かしながら確認していかなければならないため、家電・自動車・スマートフォンなど、特定の商品に特化したシステム開発に関わることが多いのも特徴です。Web系のソフトウェアエンジニアが業界で注目されるようになって久しいですが、IoTに関わる製品の普及などに伴って再度注目が集まりつつある領域でもあります。また、このIoT製品を扱うエンジニアを特にIoTエンジニアと呼ぶこともあります。

コアスキルとして専門とするハードウェアに関する深い知識と、そのハードウェアと相性の良いプログラミング言語を高いレベルで使いこなす能力が必要です。サブスキルとしてはネットワークやOSに関する技術や知識が求められることが多いです。

>ネットワークエンジニア

ネットワークエンジニアは、コンピュータやサーバーをルーターやスイッチなどのネットワーク機器で接続し、データを正常に受け渡すネットワークを構築したり保守したりする業務を担うエンジニアのことです。インフラエンジニアの業務の一部としてネットワークに関連するものが含まれることもあります。

データベースエンジニアと同様にネットワークエンジニアにもベンダー資格とIPAの国家資格があります。最大手のシスコ技術者認定資格のCCNAやIPAのネットワークスペシャリスト資格を有しているネットワークエンジニアは高く評価されます。

コアスキルとしてネットワークやハードウェアに関する技術や知識が必要であり、とにかくコアスキルに特化していることが重要です。

Memo

「ネットワークエンジニア」として求人を出す際などは、**特にネットワークが取り上げられている理由を募集の中で明確に記述する**必要があるでしょう。

>セキュリティエンジニア

セキュリティエンジニアは、情報セキュリティに特化したエンジニアのことです。「セキュリティ」と聞いて思い浮かぶ、インターネットを通じたサービスや社内ネットワークに対する攻撃への対策は重要な業務のひとつです。さらに、社内のデータの取り扱いに関するルールの整備、社員のPCのセキュリティ環境の構築などにも携わることがあるでしょう。
セキュリティエンジニアという肩書でセキュリティコンサルタントと呼ばれる職種に近い働き方をすることもあります。その場合は企業のセキュリティポリシーの策定やセキュリティホールの診断、改善提案などが業務に含まれることがあります。
コアスキルはセキュリティに関する技術や知識になりますが、外部からの攻撃の対策に関する知見を期待されることもあれば、社内の情報管理に関する知見を期待されることもあります。サブスキルとしてはOSやハードウェアに関する技術や知識が求められることが多いです。

> QAエンジニア

QAはQuality Assurance（品質保証）の略で、**QAエンジニア**はソフトウェアの品質を保証するための業務に携わるエンジニアです。
もともとは、SIerなど大規模なソフトウェア開発のテスト要員としてのニーズが高かった職種で、テストエンジニアと呼ばれることもありました。ところが、最近ではWeb系の事業会社などでもQAエンジニアのニーズが高まってきています。
また、開発者によってテストのやり方にバラつきがあったり、ルールが統一されていなかったりすることもあります。そうしたソフトウェアの品質を損ないかねない問題を解決するため、QAエンジニアはソフトウェアのテスト戦略の構築や実施、リリースまでの時間短縮を目的とした継続的インテグレーション（136ページ参照）を活用して品質を上げていく役割を担います。
コアスキルとして品質管理の戦略策定や実務に関する経験や知識が重視されます。サブスキルとしてはインフラやサーバーサイド、フロントエンドに関する技術や知識があるとより良い品質管理に貢献できるでしょう。

Memo

SIerではファーストキャリアとしてテスト業務を担うことがあり、そうした業務を担う人が「テスター」と呼ばれることがあります。ただし、この場合は試験仕様書通りに手動テスト（実際にユーザーのようにシステムをチェックすること）をメイン業務とし、テスト戦略の策定や自動テスト環境の構築などは行わないことも多いため、「テスター」と「QAエンジニア」を混同しないほうが良いでしょう。

>機械学習エンジニア、データサイエンティスト

機械学習エンジニアは、その名の通り機械学習に専門性を持つエンジニアです。特定の課題を解決するために、コンピュータを用いてデータの特徴や傾向を解析し、予測のためのアルゴリズムを構築します。**データサイエンティスト**は統計学や数学を用いて、大量のデータの中からビジネス成功の要因を発見することを目指します。

コアスキルとして機械学習をはじめとした計算機科学、統計学、数学の知識に加えて、ビジネス上有用な示唆を出すためのビジネス力も要求されます。サブスキルとしては考案したアルゴリズムの実装のためのサーバーサイドの実装能力や、データ収集のためのインフラ関連の知識が求められることが多いです。

Memo

機械学習エンジニア、データサイエンティストといった職種名の境目は曖昧で、会社ごとの定義は安定していません。これらの職種に近い概念として**AIエンジニア**や**リサーチャー**といった表現が用いられることもあります。いずれにせよ、採用要件を正確かつ明瞭に定義することや、募集要項を十分に読み込むことは採用する側にとってもされる側にとっても非常に重要です。

>ゲームエンジニア

ゲームエンジニアは、その名の通りゲームを開発するエンジニアです。プラットフォームによって求められるスキルが変わります。家庭用ゲーム機のエンジ

ニアは、C++などを用いてハードごとの規格に従いながら数年のスパンで開発を進めていきます。モーションキャプチャーや3Dなどの特殊な技術も必要になることがあります。オンラインゲームの開発エンジニアはそれに加え、ネットワーク通信やセキュリティの概念も重要になってきます。ブラウザゲームは比較的Webアプリケーションの開発と近いスキルセットが要求されます。スマホアプリのゲームの場合はゲームが対象にするOSによってスキルセットが異なるでしょう。

コアスキルはゲームの種類によって変わりますが、Unityに関する技術や知識が要求されることもあれば、ネットワークに関する技術や知識が要求されることもあります。モバイルアプリの実装能力が要求されることもあるでしょう。サブスキルとしてネットワークやUI/UXデザインの知識や技術が期待されることがあります。

> AR・VRエンジニア

AR・VRエンジニアは、その名の通りAR・VRを開発するエンジニアです。この職種は比較的歴史が浅く、採用している企業も限定的です。C++とUnityを用いて3DCGを利用したり、モーションキャプチャーを用いたりするなど、この職種に特徴的な技術があります。

コアスキルとしてグラフィックを扱うプログラミングの知見と、それを実現するプログラミング言語の利用能力、そして機能を実装するデバイスに関する知識が要求されます。とにかくコアスキルに特化していることが重要です。

>ブロックチェーンエンジニア

ブロックチェーンエンジニアは、その名の通りブロックチェーン技術を活用するエンジニアです。仮想通貨を扱う企業からのニーズが高い職種ですが、今後別の領域でブロックチェーン技術を応用する先が現れた場合には一気に人材の需要が拡大する可能性があります。ブロックチェーン技術自体が比較的新しく経験者が少ないため、未経験者であっても関心を持って学習をしているエンジニアを採用するケースもあります。

コアスキルにはもちろんブロックチェーン技術に関する知識が含まれます。また、新しい概念を実装するためのサーバーサイドのエンジニアリング能力も要求されます。サブスキルとしてはブロックチェーン技術を理解したり研究開発をしたりするために数学をはじめとした自然科学に関する知識が求められることもあります。

>フルスタックエンジニア

フルスタックエンジニアはFull-Stack（すべて積み重ねる）という名の通り、ソフトウェア開発のすべてを担えるオールラウンダーを意味します。

フロントエンドエンジニアとサーバーサイドエンジニアの両方の技術を持っているエンジニアという意味でフルスタックエンジニアと呼んでいるケースが多いです。

コアスキルとしてフロントエンドエンジニアに要求される技術とサーバーサイドエンジニアに要求される技術が共に期待されると考えて良いでしょう。サブスキルとしてはインフラやデザインに関連する知識が必要となる場合もあります。

Memo

データベースエンジニアやインフラエンジニアの素養まで求めるかは企業によって異なります。「すべてできるエンジニア」のような意味でやや曖昧に使われてしまっている単語でもあるため、求人に応募する側は採用要件や求人票をよく読む必要がありますし、求人を公開する側は期待する業務などを正確かつ明瞭に書く努力をする必要があります。

Column

●フルスタックエンジニアは本当に必要か？

Webアプリケーションの構造に紐づく職種は、求人として募集する際の職種の名前として馴染みのある単語ばかりだったのではないでしょうか。一般的なエンジニア採用の場合は、ここで紹介した名称のうちのいずれかで募集をかけることが多いでしょう。求人を検索する側もこうした名称で調べることが多いので、判別できるタイトルで求人票を作れることは基本的なスキルとして重要です。

しかし、採用要件の詳細を詰めずに安易に流行りの職種名を用いるのは望ましくありません。たとえば、フルスタックエンジニアという名称を使えば、フロントエンド、サーバーサイド、インフラまで何でもできる人を募集することはできます。本当にフルスタックなエンジニアであれば確かに自社の採用要件を満たしていることは間違いないでしょう。ただし、そのような理想的なエンジニアはほとんどいませんし、いたとしても採用することはとても難しいです。したがって、それだけの採用難易度に立ち向かう必要は本当にあるのか、自社に必要なのは本当にフルスタックエンジニアなのかといったことを現場のエンジニアとの間ですり合わせておくと良いでしょう。

マネジメントや職位に関連する職種を深掘りする

本節では、図3-5に含まれるようなマネジメントや職位に関連する職種に関する解説を行います。SIerをはじめとする受託会社とWeb系をはじめとする事業会社で使われる職種名が異なる傾向があること、マネジメントは人だけでなくプロダクトや仕組みを対象にすることがあることなどが混乱を招きがちなので注意しましょう。

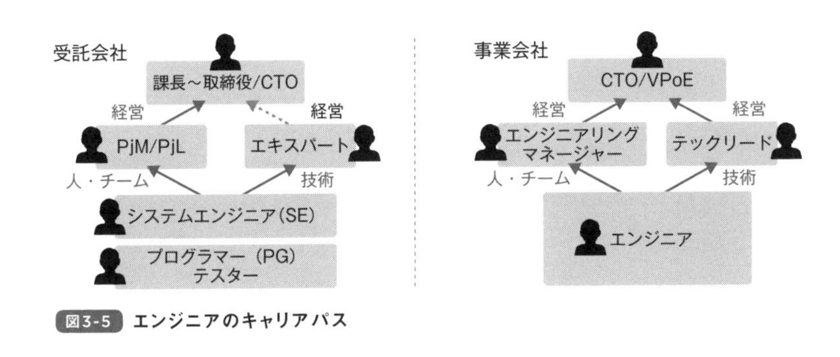

図3-5 エンジニアのキャリアパス

それでは、実際に各職種について見ていきます。

>プロダクトマネージャー

プロダクトマネージャーは、市場に受け入れられるプロダクトを作ることに責任を持つ職種です。日本ではよくPMと省略して書かれますが、プロジェクトマネージャーと間違われることを防ぐためにPdMと表記することもあります。開発チームだけでなくビジネスにも強く関わり、市場が求めているプロダクトを実現するために活動します。そのため関連する領域は多岐にわたり、ビジネスモデル、プロダクトデザイン、開発プロセス、マーケットリサーチなど、プロダクト開発にまつわるおおよそすべての分野に精通する必要があります。

Memo

特にWebサービスを提供する事業会社に置かれることが多く、SIerに置かれることは稀です。また、近年急速に注目を集めている職種であることもあり、優秀で経験豊富なプロダクトマネージャーは転職市場にはほとんど現れません。

>プロジェクトリーダー

プロジェクトリーダーは、プロジェクトを計画通りに進められるように現場の開発チームをリードする役割です。省略してPLと表記されることもあります。SIerなどでは、後述するプロジェクトマネージャーの下でチームの稼働計画や開発方針などを決める役割を担います。

事業会社には少なく、主にSIerで見られる職種です。開発を担当しているシステムエンジニアやプログラマーの中からマネジメントに適した人材がアサインされることが多いです。プロジェクトリーダーを任されているエンジニアは、技術力に加えて調整力や顧客との折衝の能力を見込まれてアサインされることが多いので、自社の採用要件にこうした項目が含まれる場合はプロジェクトリーダーとしての経験を評価しても良いかもしれません。

>プロジェクトマネージャー

プロジェクトマネージャーは、プロジェクトのスケジュールや予算などの管理を行う役割です。前述のプロジェクトリーダーに指示を出したり、利害関係者との調整を行ったりしながら、プロジェクトの最終的な成功に責任を持ちます。

これもプロジェクトリーダーと同様に事業会社には少なく、主にSIerで見られる職種です。大規模な案件になるとプロジェクトマネージャーには技術力よりも高い調整力が求められることもあります。日本ではよくPMと省略して書かれますが、プロダクトマネージャーと間違われることを防ぐためにPjMと表記することもあります。

>スクラムマスター

スクラムマスターはスクラム（127ページ参照）の文脈で定義される役割で、スクラムの導入と支援を担う職種です。スクラムという開発手法をチームに根付かせ、開発全体の効率を上げていくために尽力します。

>プロダクトオーナー

プロダクトオーナーは、スクラムの中で開発チームの作業とプロダクトの価値の最大化に責任を持つ職種です。具体的には、プロダクト開発の優先順位を判断し、どのような順番で開発リソースを投入するかを決めていきます。プロダクトマネージャーやプロジェクトマネージャーといった職種との境目は曖昧な場合があり、正確な仕事内容は会社によって違いがあることも多いです。

>アーキテクト

アーキテクトは、システム全体の設計を行う役割を持つ職種です。ビジネスと開発の両方の知識を使い、設計、コンサルティング、プロジェクトマネジメントといった業務に携わる可能性があります。一言でアーキテクトといっても実際の業務内容や必要なスキルにはかなり幅があります。たとえば、自社開発しているサービスのアーキテクチャを整える役割の人として定義されている場合もあれば、インフラ系サービスの導入支援を請け負うためのコンサルティング要員として定義されている場合などもあります。

>エンジニアリングマネージャー

エンジニアリングマネージャーは、エンジニアの成果と成長を最大化するためにエンジニアのチームをマネジメントする役割を持つ職種で、省略してEMと表記されることがあります。具体的には、エンジニアのメンタリングやコーチングを担当したり、チームメンバーのキャリア設計に協力したり、さらには採用などを通じてチームを作り上げたりすることも責務に含まれることがあります。

Memo

昨今では上記のような役割を担う専門職としてみなされることが増えてきましたが、いまだに定義が曖昧な職種であることには間違いありません。採用の際には**自社内での定義を明確にすること**や、候補者がエンジニアリングマネージャーを名乗っている場合は**それまでの職務経歴を丁寧に確認すること**がとても重要です。

>エキスパート／スペシャリスト

エキスパートあるいは**スペシャリスト**とは、特定の技術に高い専門性を持つ人を指す職位です。業界内で極めて高い知名度を持つ人などを特にフェローと呼ぶケースもあります。

特にSIerでこうした職種が置かれることが多いです。SIerでキャリアパスを進めた場合、プロジェクトマネージャーをはじめとした、人やプロジェクトのマネジメントをする職種になることがほとんどでした。しかし、技術に特化したエンジニアの重要性が見直されたことで、エンジニアのキャリアパスのひとつとしてこうしたポジションが用意されるようになりました。

>テックリード／リードエンジニア

テックリードはエンジニアチームにおける技術的なリーダーで、**リードエンジニア**と呼ばれることもあります。技術的に秀でていることは大前提で、その能力を活かして、開発の他にもサービス開発のための技術選定に携わったり、チームメンバーを技術的に指導したりすることもあります。SIerではあまり見かけることはなく、基本的には事業会社に置かれる役職です。テックリードはその会社で最も技術力が高い層のエンジニアであることが多いので、技術力が高いエンジニアを採用したい要件があるような会社であれば積極的に声をかけていく対象になるでしょう。

> CTO（Chief Technology / Technical Officer）

CTO（シーティーオー）は、Chief Technology OfficerまたはChief Technical

Officerの略称で、日本語に訳すと「最高技術責任者」になります。技術的な意思決定の最高責任者で、前述のテックリードのトップのようなポジションに該当します。CTOに期待される仕事の定義も曖昧なものですが、抽象的には、経営レベルの視座を持って、企業を技術の側面から支えるためにできることを考えるのが責務です。

昨今では後述するVPoEと分かれて設置されることがあり、その場合はCTOとVPoEがエンジニアリング組織の2トップのような扱いになることが多いです。CTOが技術的な意思決定の最高責任者や会社の技術力の象徴として振る舞い、VPoEがエンジニア組織の人的なマネジメントの最高責任者として活動するという分かれ方をします。

Memo

CTOは会社の技術力の象徴として扱われることも多く、エンジニアを採用するにあたっても非常に重要になるポジションです。そのため自ら会社の外部の勉強会で登壇したり、テックブログをはじめとしたアウトプットを主導したり、OSS活動や技術関連の書籍を出版したりすることで、会社や自身の存在感を大きくするための活動をすることもあります。

> VPoE（Vice President of Engineering）

VPoEは、Vice President of Engineeringの略で、無理に日本語に訳すと「技術担当副社長」などとなりますが、英語の略語であるVPoEという表現が最も一般的に使われます。CTOの説明の中でも書いた通り、CTOが会社の技術的な最高責任者とするならば、VPoEはエンジニア組織の人的なマネジメントの最高責任者です。エンジニアリングマネージャーのトップのようなポジションと言い換えることもできます。

経営レベルの視点から、エンジニアの採用や育成、人材の配置などの部分に関する責任を持ちます。

Column

●職種名の解釈が違う？

マネジメントや職位に関連する職種名は特に曖昧で、同じ職種名でも規模の違いによって役割が違ったり、同じ役割を持つ職種が企業によって別の呼ばれ方をしたりすることがあります。

たとえば、規模の小さい会社では、創業チームのうちプロダクトの開発を担当していたエンジニアがそのままCTOやVPoEといった役職を名乗ることがありますが、大企業のCTOとスタートアップのCTOを比べれば、役職名は同じでも取り組んでいる仕事や経験が大きく異なることは明らかでしょう。また、たとえばある企業ではCTOが担っている役割は、別の企業ではVPoEが担当しているといったことがよく見受けられます。

解釈が分かれやすいからこそ、**自社内で採用要件を詳細に定義すること**は採用に失敗しないためにとても重要です。また、明瞭な採用要件や求人票は採用候補者から見ても魅力的に映るものです。自社の募集を他の会社の募集と見比べたり、自社のエンジニアと相談したりしながら、自社がその職種で採用する人に対して期待している役割を具体的に書いていけるようにしましょう。

STEP UP

ワンランクアップ「作る人」

●求人と職種名

「求人にどのような職種名を使うべきか？」という問いに正解はありません。たとえば、非常に抽象度の高い「エンジニア募集！」といった求人もありますし、反対に具体性が高い「RubyでECサイト構築経験のあるサーバーサイドエンジニア募集！」といった必要なスキルまで明示したものもあります。一度図3-6と見比べて、自社の求人票などで使っている職種名の解像度を確認してみましょう。あえて抽象的な表現を用いて募集の間口を広げることも、より具体化させて訴求対象を絞ることも、どちらも戦略として正しいです。

ただし、もちろん「何となく」書くのはダメで、**戦略に基づいて使う表現を決めましょう**。読者特典の「単語リスト」にある職種名のランキングリストと見比べて、自社の業務を正確に表したり、期待していることを明確に表現したりするにはどういった名称を使うのが良いのかを考えてみてください。

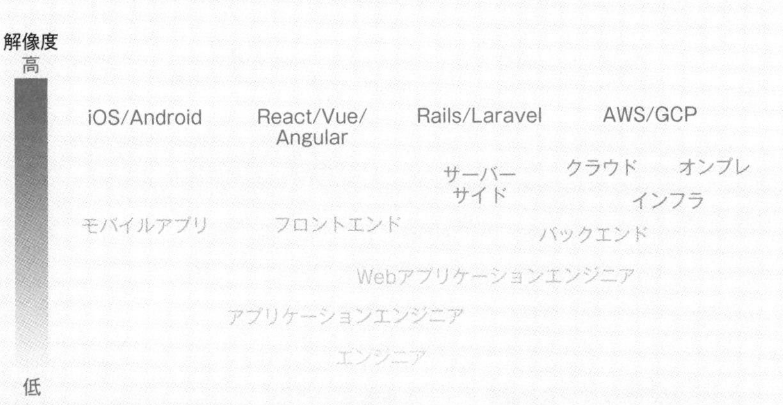

出典：Takahiro Tsuchiya「（採用担当者向け）エンジニア採用をする上での基礎知識 / recruting_engineer_basic」
URL https://speakerdeck.com/corocn/recruting-engineer-basic?slide=53

図3-6 職種名の表記の解像度

また、職種ごとに明確に仕事が切り分けられるわけではありません。たとえば、開発の工程が同じだったり近かったりする職種や、サービスの中で近い領域の実装を担当する職種に関しては互いに業務の内容や前提知識を共有する必要があります。「"自社の"サーバーサイドエンジニアはどんな業務を担当しているのか」といった点をしっかりと把握した上で、採用要件や求人票を作るようにしましょう。

●経歴や経験を見るときは気をつける

マネージャーをやっているからといって技術力が高いとは限りません。技術の研鑽が好きなエンジニアはマネジメントやビジネスサイドとの間に立つようなポジションを好まないことがあります。そのため、経歴だけを見て重要そうな役職に就いていたからといって「偉かったのだから技術力があるはず」と早合点せずに、**どんな開発や業務に携わってきたかをしっかり確認しましょう**。本人から話を聞くのも重要ですし、個人ブログやテックブログなどのWeb上で確認できるアウトプット情報から裏付けを行うこともお勧めです。

採用候補者の能力を言語や役職の経験年数で判断しようとする採用要件や求人票は非常に多く見受けられますが、これはよくあるアンチパターンのひとつです。たとえばフロントエンドエンジニアの採用要件に「JavaScriptの経験年数3年以上」と書いてあるようなものです。フロントエンドエンジニアとして本当に「JavaScriptの経験年数3年以上」の人を採用したいということはまずなく、もう一段階掘り下げればJavaScriptを3年以上経験した人がたいてい持っているであろう「基本的なフレームワークの知識」や、「Webサービスを実際に開発しローンチした経験」などを必要としているはずです。曖昧な採用要件は企業と候補者双方にとっての余計な労力とミスマッチを生んでしまう原因となるものですから、エンジニアとの会話を通じて必要とする人材の条件を掘り下げ、採用要件を明瞭に定義できるようにしましょう。

またSIerやSES事業を行っている受託会社と、主に自社開発を行っている事業会社ではよく使われる職種名が違っていたり、同じ職種名や略称でも業務内容が違ったりすることがあります。たとえば、システムエンジニアやプロジェクトリーダーといった職種は受託会社では非常によく使われますが、事業会社ではほぼ使われません。逆にテックリードやプロダクトマネージャーといった職種は事業会社ではよく使われますが、受託会社ではあまり使われません。社内でよく使われているので自分自身では当たり前と思っている名称が、会社のタイプが少し違うだけで通じなくなる可能性があることを意識しておきましょう。

●Webアプリケーションの構造の知識と紐づけてみる

本章で学んだ職種の知識と第2章で学んだWebアプリケーションの構造の知識を結びつけると、どのように採用業務に応用できるでしょうか。あくまで一例ですが、構造を踏まえて、どの用語同士がどのように関連しているのかを把握しやすくなったことにより、より良い採用要件や求人票を作ることができるようになります。

たとえば、Webアプリケーションサーバーとデータベースサーバーは Webアプリケーションの構造では真横の関係にあります。実際にWebアプリケーションのコードの中には「データベースから指示したデータをとってこい」という命令を書くことがありますが、遠く離れたクライアントサイドのHTMLから直接データベースに指示を出すコードを書くことは基本的にはありません。これを理解していると、採用要件を設定する際、サーバーサイドエンジニアの業務内容にデータベースの設計を求めることは不自然なことではありませんが、フロントエンドエンジニアにそれを求めることは間違っているのではないか、ということに気づけるようになります。他にも、自社の魅力づけを行う際に、インフラエンジニアに対して「弊社ではフロントエンドの最新のフレームワークを利用していて……」と説明することがお門違いである可能性が高いこともわかるようになるでしょう。

このように、**「今採用したいポジションは自社のプロダクトのどの部分を担当する役割で、それらの周辺で行われる業務はどんなものか」「どこまでの範囲を担当してもらいたいのか」をイメージできるようになる**ことが非常に重要です。このイメージができれば、技術的な話だけでなく、「データベースエンジニアとして募集する人は、バックエンドチームのＡさんと関わることが多そうだ。人柄はどんな人がいいかな？」
といったことも考えられるようになるはずです。

学習編

第4章

作り方から学ぶ

第4章は、エンジニアが開発を進める工程の観点から学習を進めます。全体の構成は図4-1のようになります。

開発工程を俯瞰する	企画・課題発生	
	要件定義	
	設計	
	実装	
	テスト	
	デプロイ・公開	
	保守・運用	
チーム開発の指針となる概念を深掘りする	ウォーターフォール	
	アジャイル	各用語
システム設計や実装の指針となる概念を深掘りする	ドメイン駆動設計	
	テスト駆動開発	
開発を支援する概念とツールを深掘りする	バージョン管理	
	SVN	
	Git	
	プロジェクト管理	
	CI/CD	
	インフラ環境構築	
	データ管理・収集・可視化	
	エディタ、IDE	

図4-1 **第4章の構成**

皆さんはエンジニアの業務にどのようなイメージをお持ちでしょうか。ディスプレイが2枚も3枚も並んでいるデスクに向かい、黒い画面に緑色のコードが流れる。PCに向かってとにかくひたすらにコードを書いている姿を想像されるかもしれません。

このように手を動かしてプログラムを書くことは、もちろんエンジニアの重要な業務のひとつです。しかし実際には、コーディングの前後に行っているさまざまな業務が他にもたくさんあります。

そんなエンジニアの業務への理解を本章で深めていきましょう。第4章では、まず開発の工程の全体像を俯瞰します。次に、その開発工程の中で特に重要な考え方や作業の方法への理解を深めます。第3章と同じく本章でもここまでに説明した内容を使って、復習しながら学習が進められる構成としました。具体的には、第2章で取り上げたWebアプリケーションの構造に関する単語、第3章で取り上げた職種に関連する単語を本章の説明で使うことがあります。ぜひプログラミング言語やフレームワークなどの知識と職種に関する知識に、開発の工程における知識を紐づけながら学習を進めてください。

ちなみに、エンジニアの仕事の進め方はビジネス職の業務に活かせるポイントもとても多いです。エンジニアの世界では、素晴らしい業務フローや考え方のフレームワーク、あるいは便利なツールがあれば、世界中にまたたく間に広がって利用され、さらにブラッシュアップされたものが生まれます。このスピードが他の職種と比べ非常に早いことも特徴です。違う業界だと思わずに皆さんの日常業務でも使えることがないかを考えながら学習を進めていただき、業務内容は違えど学ぶべき点が多いと感じてもらえれば幸いです。

開発工程を俯瞰する

まずは開発の流れを追ってみましょう。この流れのことを**開発工程**と呼びます。洋服のECサイトを作ることを考えたとき、いきなりコードを書き始めるエンジニアはいないでしょう。まずは、「そもそもの課題は何か」「その課題を解決するためにどんな機能やシステムが必要か」「どのようにしてその機能やシステムを作るか」といったことを整理する必要があります。

特にSIerを中心として、実装（123ページ参照）に入る前の仕事のことを**上流工程**と呼び、実装以降の工程を**下流工程**と呼びます。前述の受託会社が作業を実施するときには、各工程を担当する会社が異なることも多く、すべてのエンジニアが上流から下流まですべての業務を担当できるかというと、そうではないこともあります。一般的には、第3章で見てきたマネジメント系の職種が上流工程を担当することが多い傾向にあります。

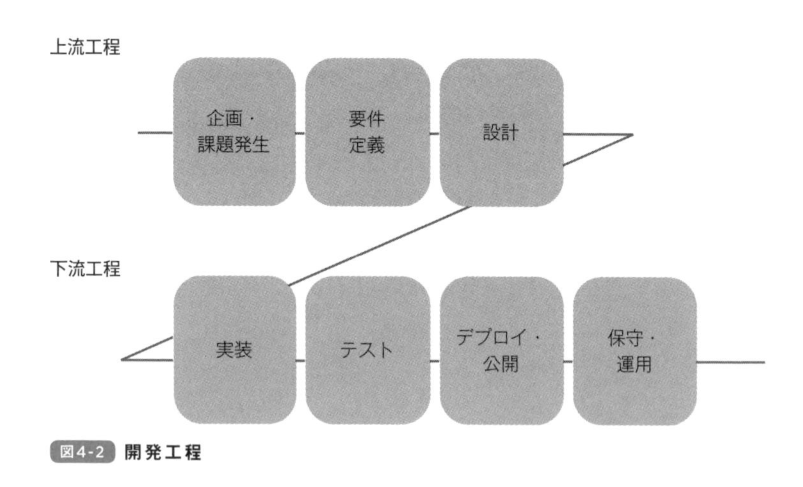

図4-2 **開発工程**

また、事業会社でプロダクトやサービスを開発する場合にも、実質的には図4-2にあるような各工程を実施していることが多いです。ただし、事業会社では、工程の前後を明確に上流／下流に分けて呼ぶことが少なかったり、エンジニアが工程の多くの部分にまたがって開発に関わったりすることが多いという違いがあります。

それでは、ここから各工程をもう少し細かく見ていきましょう。

>企画・課題発生

開発のはじめのステップでは、顧客からの要望や今起きている問題をクリアにし、「**目的に対して開発という方法が最適か**」を判断しなければなりません。この過程には、細分化すればマーケットの調査や営業活動なども含まれます。

受託会社であれば主にヒアリングなどを通じて顧客の要望の具体化を行うことになります。一方、事業会社であればマーケットのトレンドやユーザーの抱えている問題の調査をすることになるでしょう。プロダクトやサービスの実装には時間やお金をはじめとしたさまざまなコストが発生しますから、実装に入る前にしっかりと開発の必要性やコストパフォーマンスを判断しなければなりません。

このフェーズでよくある失敗のひとつは、**実装する機能ありきの話として考え始めてしまうこと**です。たとえば、「ユーザーに洋服をレコメンドする機能がほしいから、開発の必要性を考えよう」といったものです。しかし、これは順序が逆で、「機能がほしいから開発の必要性を考えよう」ではなく、「こういう問題があるから機能が必要だ」という論理展開であるべきなのです。先のレコメンド機能であれば、本来の目的が「Webサイトの取扱高を上げる」ことだとすれば、レコメンドのような複雑なアルゴリズムを構築するよりも単にランキング上位の商品を優先的に表示する施策のほうが効果が高いかもしれません。もしくは割引やキャンペーンを開催するやり方もあります。

重要なのは、**「背景や課題はどのようなもので、改善のために開発というソリューションが必要であるかどうか」を考えること**です。この点をクリアにしておかなければ、その後の開発の方向性や方法があやふやになり、うまくいきません。多大なお金と時間と労力をかけて作り上げた機能やシステムが、結局は誰にも使われなかったということが往々にして起こってしまいます。

余談ですが、この考え方は採用活動にも応用できます。その候補者を採用する目的はクリアになっているでしょうか。その目的は採用という方法以外で解決することはできないのでしょうか。まずはこうした前提の整理をしてみると、採用の解像度はぐっと上がります。

第3章で紹介した職種の中では、企画・課題発生に関わる業務は、事業会社ではプロダクトマネージャーが担当することが多いです。受託会社では顧客が課題を持ち込むものですが、営業やコンサルタント、プロジェクトマネージャーが要求を明確にする支援をします。

> 要件定義

目的や課題や要望は確かに存在し、それは開発によって達成されそうだと判断したら、次は「開発で必要な項目を定義する」ステップです。必要な項目はもちろん案件によりますが、次のようなものが代表的です。**要件定義書**と呼ばれる書類にこれらの事項をまとめ、開発チームや社内での共通認識を作ります。

- 開発目的
- ターゲット
- 予算
- 必要な機能、性能
- 用いられる技術（第2章の要素）
- スケジュール（納期）
- 必要な人員（工数）
- 業務フローや実装手順

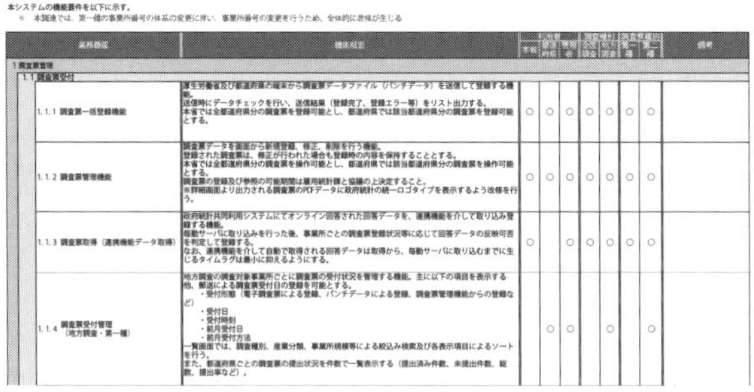

本システムの機能要件を以下に示す。
※　本調達では、第一種の事業所番号の体系の変更に伴い、事業所番号の変更を行うため、全体的に改修が生じる

業務機能	機能概要	[illegible]	[illegible]	[illegible]	[illegible]	[illegible]	[illegible]	[illegible]	備考
1 調査票管理									
1.1 調査票受付									
1.1.1 調査票一括登録機能	厚生労働省及び都道府県の端末から調査票データファイル（パンチデータ）を送信して登録する機能。 送信時にデータチェックを行い、送信結果（登録完了、登録エラー等）をリスト出力する。 本省では全都道府県分の調査票を登録可能とし、都道府県では該当都道府県分の調査票を登録可能とする。	○	○	○	○	○	○	○	
1.1.2 調査票管理機能	調査票データを画面から新規登録、修正、削除を行う機能。 登録された調査票は、修正が行われた場合も登録時の内容を保持することとする。 本省では全都道府県分の調査票を操作可能とし、都道府県では該当都道府県分の調査票を操作可能とする。 調査票の登録及び参照の可能期間は雇用統計課と協議の上決定すること。 ※詳細画面より出力される調査票のPDFデータに政府統計の統一ロゴタイプを表示するよう改修を行う。	○	○	○	○	○	○	○	
1.1.3 調査票取得（連携機能データ取得）	政府統計共同利用システムにてオンライン回答された回答データを、連携機能を介して取り込み登録する機能。 毎動サーバに取り込みを行った後、事業所ごとの調査票登録状況等に応じて回答データの反映可否を判定して登録する。 なお、連携機能を介して自動で取得される回答データは取得から、毎動サーバに取り込むまでに生じるタイムラグは最小に抑えるようにする。	○		○	○	○	○	○	
1.1.4 調査票受付管理（地方調査・第一種）	地方調査の調査対象事業所ごとに調査票の受付状況を管理する機能。主に以下の項目を表示する他、郵送による調査票受付日の登録を可能とする。 ・受付形態（電子調査票による登録、パンチデータによる登録、調査票管理機能からの登録など） ・受付日 ・受付時刻 ・前月受付日 ・前月受付方法 一覧画面では、調査種別、産業分類、事業所規模等による絞込み検索及び各表示項目によるソートを行う。 また、都道府県ごとの調査票の提出状況を件数で一覧表示する（提出済み件数、未提出件数、総数、提出率など）。		○	○		○		○	

出典：「毎月勤労統計調査オンラインシステムの更改及び運用・保守に係る業務一要件定義書」
URL http://warp.da.ndl.go.jp/info:ndljp/pid/11255035/www.mhlw.go.jp/sinsei/chotatu/chotatu/kankeibunsho/20170518-1/dl/20170518-01_02.pdf
図4-3 要件定義書の機能要件のイメージ

企画・課題発生のステップでも扱いましたが、まずはターゲットや目的などを明文化します。続いて、必要な機能や納期、予算など開発における制約条件を詳細に確認します。

例として先の「洋服のECサイトでユーザーに洋服をレコメンドする機能」を考えてみましょう。開発の目的はサイトの取扱高を上げることとします。次にターゲットは月に1回以上購入をしているユーザー、開発の予算は1,000万円としましょう。

このためにユーザーに洋服をレコメンドする機能が有効であると考えたとしたら、機能の詳細な要件を定義するステップに入ります。レコメンドといってもさまざまな方法がありますから、どのようなアルゴリズムを用いるかの検討が必要です。どの程度の精度でレコメンドができないと使えないか、そもそもその精度はどのように計測するのかということをあらかじめ決めておかなければなりません。ここでは、「洋服をレコメンドする対象のユーザーと年齢・性別が同じユーザーに購入された商品のランキングを作り、その中でまだ購入されていない商品を購入回数の降順に紹介していき、3回表示してクリックされなければ次の商品を表示する」という簡単なアルゴリズムとしてみます。そしてレコメンドにより紹介した商品が何番目のものだったかを精度として定義してみます。

次に考えることは、このアルゴリズムを実装したり精度を確かめたりするために必要な技術や環境は何か、そしてそのために必要な人員や期間はどうなるか、といったことです。ここまでを見積もることができれば、開発の要件の定義は十分であるといえるでしょう。

この例は極端に簡単な要件定義ですが、大企業が開発を依頼する基盤システムのような大きなシステムになれば、その機能は非常に複雑なものになり、必要な工数も大変大きなものになります。

どのくらい詳細に要件を詰めるのか、またどのようなポイントを重視するかは業界や企業によってさまざまです。受託会社では会社間で要件定義書に基づいたやり取りをすることもあるため詳細な定義が非常に重要になりますが、規模の小さい事業会社などではスケジュールや実装手順などを細かくまとめないこともあります。

要件定義の主な目的は開発における重要な事柄を整理し、社内外に共通の認識を作ることです。この過程で「良い感じに」「良い塩梅で」という指示が具体化されていきます。

第3章で紹介した職種で考えると、事業会社ではプロダクトマネージャーが中心になって要件を定義することが多いです。受託会社では顧客の課題を解決するために必要な要件の定義を営業やコンサルタント、プロジェクトマネージャーが支援します。

> 設 計

これまでのステップでは、開発の前提を整理し、重要な要件を洗い出してきました。次に考えることはプロダクトやサービスの**設計**です。設計は定義された要件を満たすための最も良い方法を考えるステップです。

例として「洋服のECサイトでユーザーに洋服をレコメンドする機能」を実装することを考えると、実際にレコメンドするためのコードを新しく書く必要があります。まず既存のシステムがどのような環境で開発されているのかを確認し、新しいコードを既存のシステムと同じように実装するのが良いのか、または別のシステムとして構築して独立性を高めるほうが良いのかを考える必要があるでしょう。

また、第2章で見てきたプログラミング言語やフレームワークの選定や、それらを実行するためのインフラ環境も考える必要があります。たとえばユーザー数が今後非常に伸びる可能性があれば、大量のアクセスに耐え得るようにインフラやコードの設計をしなければなりません。

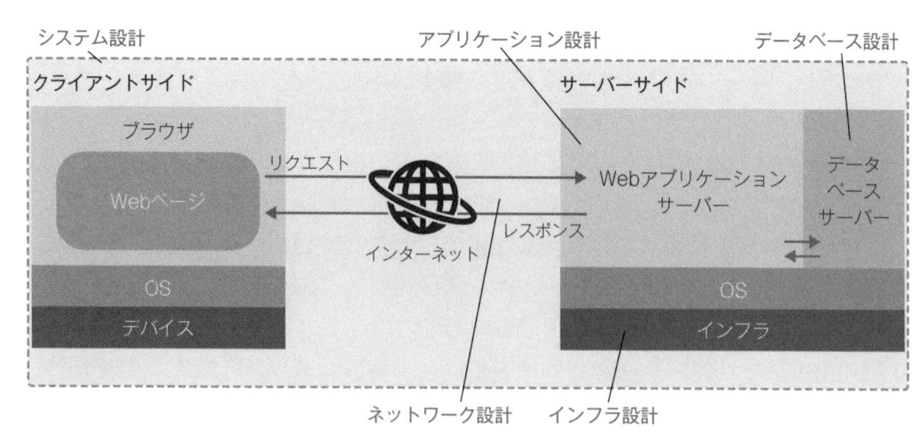

図4-4 Webアプリケーション開発の中のさまざまな設計

第3章で紹介した職種で考えると、主にプロジェクトマネージャーやアーキテクト、あるいはテックリードの役割を担う人が設計を担当することが多いです。

> 実装

前提の整理、要件の定義、そして設計の検討を終え、ようやくコードを書き始めます。このことを**実装**といいます。実装の進め方にも、後述するスクラムなどをはじめとしたさまざまな方法があるので、実装する対象や組織に適したものを導入する必要があります。

第3章で紹介した職種で考えると、フロントエンドエンジニア、サーバーサイドエンジニア、モバイルエンジニアなど、幅広い職種が実装に関わります。

> テスト

実装が終わると、実装したシステムが設計書や仕様書の通りに正しく動作することを確認する必要があります。この確認のステップを**テスト**と呼びます。特にSIerを中心とした受託会社では、テストは大きく**単体テスト**、**結合テスト**、**受入テスト**の3つに分かれます。

単体テストは、実装した画面や機能などの小さな単位で正しく動作しているかを確認するテストのことです。

結合テストでは、実装した機能を含む一連の機能群でシステムがちゃんと動くかを確認します。あらかじめ結合テストで確認したい一般的な操作をシナリオとして定義しておき、チェックするポイントを決めておいた上で、その通りにテストすることが一般的です。なお、結合テストの中でも外部システムとの連携も含めた本番寄りの環境でのテストのことを**システムテスト**と呼ぶこともあります。

受入テストは顧客が行うテストで、受託会社の手から離れて、開発を依頼した企業側のエンジニアがテストを実施することが一般的です。

単体テストや結合テストという単語は、テスト駆動開発（TDD）（130ページ参照）の文脈でも使われることがありますが、前者が機能や関数単位でのテスト、後者が複数の機能やシステム全体でのテストであるという分類には大きく違いはありません。

第3章で紹介した職種で考えると、実装に携わったエンジニアがフロントエンド／バックエンドを問わず、テストのためのコードを書いたり実際にテストを実施したりします。テストにまつわる専門職としては、テスターと呼ばれる職種がテストを主業務として担当することがあるほか、QAエンジニアがテストの戦略の策定や環境の構築に責任を持つこともあります。

> デプロイ・公開

さて、ここまでで目的に沿ったシステムが実装され、それが正しく動くことを確認できました。実装したサービスやプロダクトをユーザーの元に届けるためには、それらのサービスやプロダクトを本番環境のサーバーに配置しなくてはなりません。

94ページの図3-4の中では、サーバーサイドのWebアプリケーションサーバーの部分がこれに該当します。手元の開発環境などから本番環境にソースコードを配置し、ユーザーがそのシステムや機能を使えるようにすることを**デプロイ**、もしくは単に**公開**と呼びます。

第3章で紹介した職種の中では、主にインフラエンジニアやSREがデプロイの実務や仕組み作りに責任を持つことが多いです。

> 保守・運用

SIerをはじめとした受託会社では**保守契約**という枠組みがあります。こうした契約には、顧客からの問い合わせで問題の調査や安定的な運用を行うための作業などが内容が含まれます。それに加えて、サーバーの監視や障害の初期対応などを業務に含んでいる場合もあります。

関わりのある職種としては、受託会社では保守を専門として担当するシステムエンジニアがいたり、障害の報告を営業やプロジェクトマネージャーが受け取ったりすることがあります。事業会社ではプロダクトやサービスを継続的に開発し続けることが多いため、保守・運用という概念が独立して扱われることはあまりありません。強いていえば、開発に関わったすべてのエンジニアとプロダクトマネージャーが業務の一部としてプロダクトやサービスを維持していくことになります。

俯瞰から深掘りへ

ここまでプロダクトやサービスの開発工程を俯瞰してきました。こうした工程に従って開発を進めていく過程では、さらに詳細なたくさんの課題に直面します。たとえば、「複数人のエンジニアが協働してチーム開発する際にはどのようにしたらいいのか」「複雑なシステムをどのように設計していけばいいのか」といったことです。こうした開発上の問題に対処するために従うべき指針が普及しているので、次節からはチーム開発やシステム設計の指針を詳しく見ていきます。
また、開発を効率化するためのツールの中には非常によく使われるものや特徴的なものがあり、採用文脈で知っておかなければならない用語もありますので、それらについても次節以降で紹介していきます。
単にそれぞれの用語の意味を理解するだけでなく、自社の開発体制と照らし合わせ、「なぜ、その用語が採用要件に入っているのか」「なぜ入っていないのか」「チームの人数、プロダクトの特徴、チームメンバーのスキルレベルなど、どの要素が変われば今後採用要件に入ってくるのだろうか」といったことも一緒に考えてみてください。

チーム開発の指針となる概念を深掘りする

ここまではプロダクトやサービスの開発工程を俯瞰してきました。この開発工程の進め方に設けられたルールを**開発手法**と呼びます。特に生産性が高い開発の方法を開発手法としてルールにすることで、効率的な開発に再現性を持たせるのが目的です。

これまでさまざまな開発手法が提唱されてきました。それぞれに特徴があり、メリットとデメリットがありますので、企業の特性や開発したいプロダクトやサービスの内容に相性の良いものが選ばれます。本節では代表的な開発手法をいくつか紹介します。

>ウォーターフォール

ウォーターフォールは、SIerをはじめとした受託会社で一般的に用いられている開発手法です。銀行や公的機関などの大規模な業務システムなどの開発によく採用されてきました。大規模な業務システムの開発には数十億円の規模になるものもあります。こうした規模になると、非常に複雑な仕様のプロダクトを、多くのエンジニアの動きを管理しながら開発しなければなりません。こうした場合に開発手法としてウォーターフォールが採用されることがあります。

ウォーターフォールの具体的な進め方は読んで字の如くです。上から下に水が流れるイメージで上流から下流に向かって一直線に開発を行います。基本的に前工程が完了してから次の工程に進むため、ひとつひとつの工程の品質を担保することができます。また、開発の進捗を外部から把握しやすいというメリットもあります。一方で作業の遅れや仕様の不備などに対応する柔軟性は低く、1つの工程が大きく遅れた場合に後工程に甚大な影響が出ることもあります。

こうした特徴から、課題の設定や要件定義が正しく行われていることはウォーターフォールの前提になります。業界の前提や状況が速いスピードで変化するような環境には不向きといえるでしょう。

>アジャイル

2000年代に入った頃から、ソフトウェアの役割が業務を効率化するためのものから、新しいビジネスを作り出すためのものへと大きく変化してきました。その中で、ウォーターフォールを中心とした従来的な計画重視の手法では、スピードや品質の観点から不十分ではないかという議論が生まれました。その中で、新しいソフトウェア開発の手法を研究、実践してきたリーダーたちが「アジャイルソフトウェア開発宣言」[1]という共通する価値観の表明を行いました。

特にWeb系の事業会社では、会社やサービスを取り巻くマーケットなどの環境の変化が激しい上、そもそもそのサービスやプロダクトが市場に受け入れられるかどうかが明確ではありません。そのため、仕様を細かく変更しながらスピーディかつ柔軟に開発を進める必要があります。

基本的な考え方は、小さい単位で開発とテストを行い、未完成であっても動くシステムを作り、ユーザーに使ってもらってフィードバックを集め、また実装とテストに戻りという流れを繰り返すことをとにかく速く回し続けることです。これにより顧客のニーズや市場に合わせた柔軟でスピーディな開発を目指します。

アジャイルの中でも手順や思想によりいくつかの種類があり、特に日本ではチーム一体となって能力を発揮することに重点を置いたスクラムが有名で、実践している組織も多くなっていますが、エクストリームプログラミング（XP）という開発手法も以前は注目されていました。

●スクラム

スクラムは、アジャイルの中でも特に人気の開発手法で、Web系の企業を中心によく取り入れられます。特徴としてスプリントという一定の期間（1週間や2週間）ごとに開発期間を区切り、それぞれのスプリントでの目標を達成するように開発を進めます。そして各スプリントでどの程度の開発を行えたかを記録し、その後の開発の目安にします。また、バックログという優先順位が付けられたリストによって開発するプロジェクトを整理します。このようにアジャイルのおおまかな方針に沿いつつ、スクラムでは細かい進め方のルールが決まっていることが特徴です。

1　https://agilemanifesto.org/iso/ja/manifesto.html

開発プロジェクトの優先順位付けはプロダクトオーナーが担当します。また、会社やチームへのスクラムの導入や啓蒙を行う役割をスクラムマスターといい、ひとつの職種として雇用する企業もあります。なお、認定スクラムマスターといった認定資格もあります。

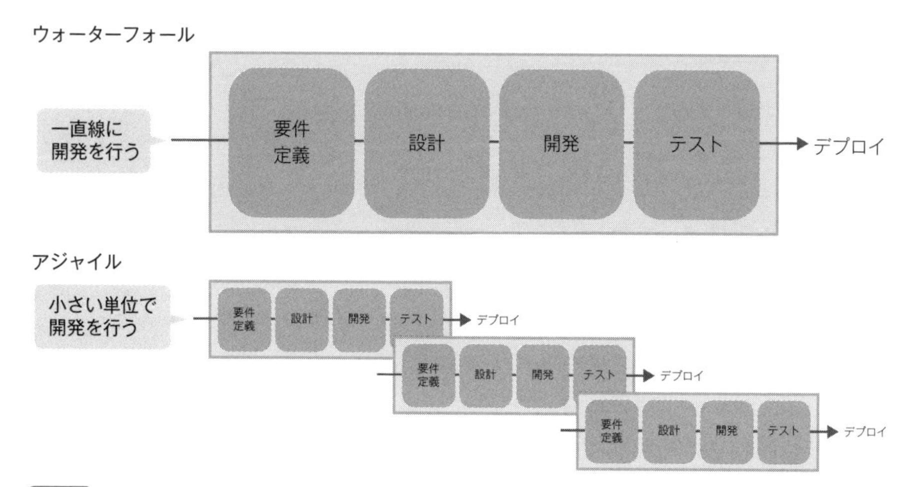

図4-5 ウォーターフォールとアジャイル

Column

●アジャイルのイメージは？

アジャイルは顧客のニーズが不確実な場合に有効です。仮説に基づいてなるべく小さく開発し、検証し、機能の修正や追加をしていくことで徐々に良いプロダクトやサービスを作っていくという考え方です。アジャイルを説明するためによく使われるのが図4-6の画像です。

出典：https://herdingcats.typepad.com/my_weblog/2014/07/the-myth-of-incremental-development.htmlをもとに作成

図4-6 アジャイルの概念のイメージ図

高速な移動手段を求めている顧客のために車を開発する際の良い例と悪い例が対比して描かれています。上段は悪い例で、顧客は未完成な車を見せられても何がしたいかわからないのでフィードバックをすることができません。最終的に車ができたときには気に入ってくれるかもしれませんが、完成品が顧客に受け入れられなければ開発の過程の多くが無駄になってしまいます。企業としての体力がないスタートアップやベンチャー企業でこのような大きな失敗をすると会社が傾く可能性すらあります。

下段が良い例で、これがまさにアジャイルに該当します。まずは歩くよりは速い移動手段で、なおかつ開発が簡単なスケートボードを作り、顧客に提供してみます。小さく開発し、「高速な移動手段」に関する顧客からのフィードバックを得ます。顧客のニーズに合致していれば自転車やバイクの開発に進み、そうでなければ方向性を見直すというプロセスを経ることで、より顧客が必要としているものを正しく提供できるようにします。最終的にできた5番はスポーツカーで、上段で計画していた4番とは多少形が異なりますが、顧客がより満足するものが提供できているはずです。

システム設計や実装の指針となる概念を深掘りする

前節で説明したウォーターフォールやアジャイルはチーム開発の指針だと考えることができます。一方、「どんなシステムを作るべきか」「どのようにコードを書くべきか」といった、システム設計の視点や実装の視点でも多くの概念が提唱されています。その中でも採用業務で多く登場するものを見ていきましょう。

>ドメイン駆動設計（Domain-Driven Design/DDD）

ドメイン駆動設計とは、開発者とビジネスサイドや顧客といったステークホルダーが協働して複雑なアプリケーションを作り上げるために、ビジネス側とシステム側で共通の言葉を使って開発していこうという設計思想のことを指します。

これは開発の手順を明確に定義するものではなく考え方です。イメージとしては、「採用プロセスでは候補者の体験を重視しよう」という思想を「採用CX」と呼ぶ構図と同じものだと考えてもらっても問題ないでしょう。

DDDはあくまで思想です。これを実際に開発に活かす際には、DDDに従ったアーキテクチャを構築する必要があります。こうしたアーキテクチャのベストプラクティスとして、**レイヤードアーキテクチャ**、**ヘキサゴナルアーキテクチャ**、**オニオンアーキテクチャ**、**クリーンアーキテクチャ**などが有名で、よく使われています。なお、これらについてはその中身まで詳しく知る必要はなく、そういったものがあることだけを知っておけば十分です。

>テスト駆動開発（Test-Driven Development/TDD）

テスト駆動開発は、プログラムが最終的に満たすべき仕様や要求を先にテストコードとして表現しておき、それらのテストを満たすように開発を進める開発手法です。テストとして先にコードを書いておくと仕様や要求が明確になり、テスト全体のうちどの程度を満たしているかを確認することで進捗を定量的に把握することができるといったメリットがあります。もちろん、テストが自動化されることで、手動でテストを実行する場合と比べて時間を短縮できるという利点もあります。

DDDとTDDが同時に使われることもあるので混乱するかもしれませんが、これらは名前こそ似ているものの異なる概念で、用語としての包含関係もありません。

洋服のECサイトの例を使って、カートに入れた商品の会計をするロジックを実装するときのことを考えてみましょう。TDDに従うならば、テストケースとして「商品AとBとCの合計額は22,000円になる」といった例を最初に用意し、これをテストとして実装します。その後、このテストをパスするように会計ロジックの中身を実装していくという順序です。

Column

●開発手法や設計手法を採用の判断軸にする際の注意点は？

本節で解説したような開発における指針は数多くあります。「開発手法」、「設計手法」、「設計思想」などさまざまな表現をされるため混乱を招きがちですが、本節で紹介したDDDやTDDは採用業務でも目にすることがあるため、システム設計や実装の指針を示す概念であることは理解しておきましょう。

さて、こうした概念を採用プロセスで使う際の注意点があります。一言でいうと、これらの概念はあくまで思想や指針の類にすぎないため、**採用プロセスの中で、こうした概念をどのように活かしてきたかを問う必要があること**です。たとえば社内のエンジニアから、「DDDでアーキテクチャを設計した前任者の退職から時間が経ちコードが乱れてしまったので、DDDに強い人を採用してほしい」という要望が出てきた場合、単に「DDDを勉強しています」「DDDを理解しています」という人材をそのまま採用するのはお勧めできません。なぜならば、この場合、実際に自社のプロダクトの実装に対して設計思想を正しく応用できる能力が必要になるため、単なる知識だけでなく、DDDを活用した経験が求められるからです。そのため、面接などで、これまでどういった課題に対してどう考えてどう対処し、その結果どうだったかなどを聞くことで、知識レベルや経験の深さを測らなければならないでしょう。

開発を支援する概念とツールを深掘りする

自動化や効率化のツールやサービスは領域を問わず流行していますが、やはりエンジニアリングでは特にその発展が早く、他の領域では見られない考え方やツールもあります。本節では、こうした開発を支援する概念やツールを紹介します。

>バージョン管理システム

バージョン管理システムとは、コンピュータ上にあるファイルの変更履歴を管理するためのシステムのことです。特にプロダクトやサービスを実現するソースコードを管理するために使われることが多いです。バージョン管理システムを導入することで、誰がいつどのようにコードの内容を変更したかという履歴を残しておけたり、履歴中の昔のバージョンに戻したりすることなどができます。また複数人での開発の際に、別の目的で同じファイルを編集してしまった状態をうまく解決することもできるようになります。

採用業務でも、求人票を何度も書き直し、「前のほうが出来が良かったな」ということがあるかと思います。出来が良かったバージョンを保存しておいて必要に応じて復元できるようにしておくことも、バージョン管理のひとつの例だということができます。

2020年3月現在、バージョン管理システムの導入はIT業界でプロダクト開発を進める上での大前提のひとつとなっています。そのため、後述するいくつかの代表的なツールの利用経験は採用の可否に影響することがあります。

バージョン管理システムは大きく集中型と分散型に分類され、それぞれ最も有名なものが**SVN**と**Git**です。図4-7からも明らかなように、SVNはかつて大きなシェアを獲得していましたが、近年盛んに利用されているのはGitです。以下では、これらの代表的なバージョン管理システムであるSVNとGitについて解説します。

出典：Google Trends
URL https://trends.google.co.jp/trends/explore?date=all&geo=JP&q=Git,SVN
図4-7 バージョン管理システムの検索量の比較

> SVN（Apache Subversion）

SVNは集中型バージョン管理システムのひとつで、集中型の中では最もよく使われています。エンジニアの開発によるコードやファイルの変更を中央レポジトリと呼ばれる単一の情報格納場所に送り、そこでバージョンの管理を行う方式です。後述するGitと比べて概念がわかりやすく操作がシンプルといったメリットがありますが、近年はGitにシェアを大きく奪われています。

> Git

Git（ギット）は最もよく使われている分散型バージョン管理システムです。開発者それぞれがレポジトリと呼ばれる情報格納場所を管理して変更を加え、その変更を他の開発者に共有することでバージョン管理と開発内容の同期を行います。詳細は省きますが、Gitというシステムの学習コストがかかることを除けばSVNよりも優れたバージョン管理の方法であるとされているため、図4-7からもわかる通り大きくシェアを伸ばして事実上バージョン管理のデファクトスタンダードとなっており、エンジニアが基礎として身に付けておくべきスキルといっても過言ではありません。

ソースコードを公開したり、複数のエンジニアで協働して開発したりするためのサービスとしてGitHub（ギットハブ）があります。これはGitを用いて管理されているソースコードのホスティングサービスで、バージョン管理システム以外にもコードレビューを助けたり開発者同士をつなげたりとさまざまな機能を提供しています。同様のホスティングサービスでよく使われているものにBitbucketやGitLabというものもあります。こうしたホスティングサービスもまた昨今の開発環境の前提となっており、エンジニアであれば使いこなせる必要があります。

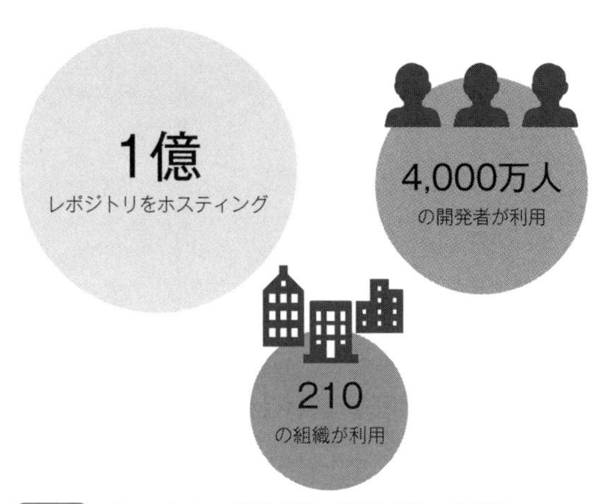

図4-8 GitHubのレポジトリ数、開発者数、組織数

>プロジェクト管理

プロジェクト管理の考え方自体はソフトウェア開発だけではなく他の文脈でもよく使われますが、ソフトウェアは複数のエンジニアやマネージャーが協働して開発するものなので、ソフトウェア開発向けのプロジェクト管理専用のサービスが利用されることが多いです。特に有名なものとして、Backlog（バックログ）、Redmine（レッドマイン）、JIRA Software（ジラ・ソフトウェア）、Trello（トレロ）、ZenHub（ゼンハブ）などがあります。採用文脈では、個別のサービスの違いを詳細に理解する必要はありません。サービス名が求人票などで出てきた際に、プロジェクト管理ツールだということがわかるようにしておけば十分でしょう。

こうしたサービスを使って、図4-9や図4-10のように開発タスクの管理、開発の優先順位の決定、開発担当者のアサイン、開発者同士のコミュニケーション、開発計画の立案と管理などを行います。

どのプロジェクト管理サービスを導入するべきかは、企業や開発チームが何を重視しているかによって変わります。比較するポイントとしては、

- 金額
- UIやUXを含む使い心地
- 他のサービスとの連携
- ガントチャートなどによるスケジュール管理の必要性
- 議事録やドキュメントの管理機能の必要性
- 導入している開発手法（スクラムなど）との相性

などを考慮することになるでしょう。

出典：Redmine.jp HP
URL http://redmine.jp/overview/
図4-9 Redmineの画面の例

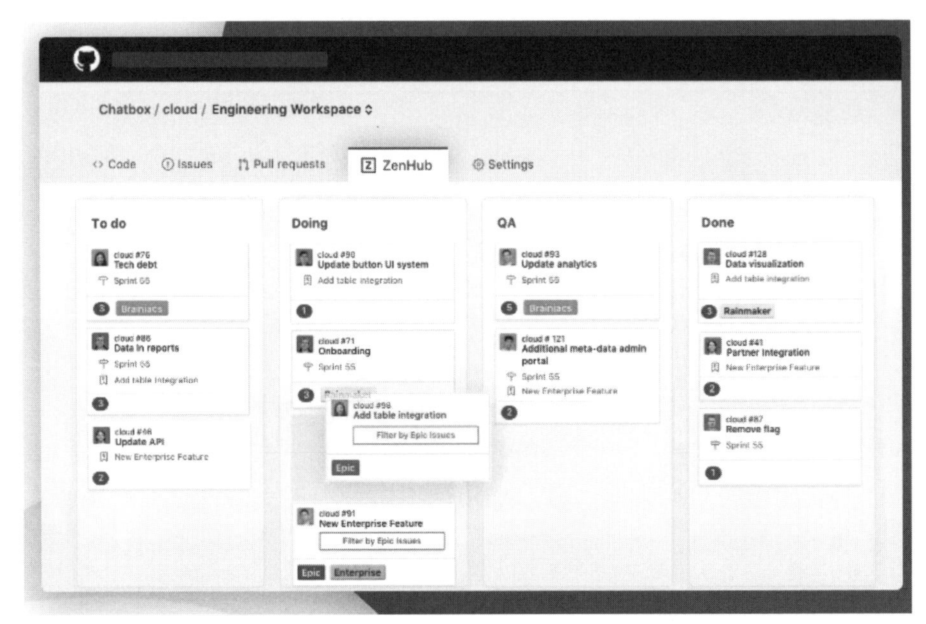

出典：ZenHub HP
URL https://www.zenhub.com/
図4-10 ZenHubのプロジェクト管理のイメージ

> CI（Continuous Integration）/ CD（Continuous Delivery）

CI（Continuous Integration）は日本語で継続的インテグレーション、CD（Continuous Delivery）は日本語で継続的デリバリーに該当します。CIとCDが別々に議論されることもありますが、CI/CDというようにまとめて語られることが多いです。簡単にいうと、「ソフトウェアの変更を検知して常にテストし、自動でリリースされるようにしよう」という考え方のことです。

CI/CDが重視されるようになった要因のひとつが前述のアジャイルの浸透です。理想のアジャイルでは、小さな粒度のプロダクトの変更をリリースしてフィードバックを得るというループを高速に回さなければなりません。テストやリリースはソフトウェアの変更のたびに必要ですから、こうした作業を自動化することで開発を大幅に効率化することができます。

こうしたCI/CDのために使われるツールとして代表的なものにはJenkins（ジェンキンス）やCircleCI（サークルシーアイ）などがあります。図4-11のような画面を使ってテストコードや操作の手順などを用意することで、ソースコードの変更に応じて自動的にテストを走らせたり、自動的に本番環境に新しいソースコードをデプロイしたりするなどといったことを実現することができるようになります。決まった作業の自動化という意味では、マーケティングオートメーションツールを使ってメール配信や手続きを自動化することと近いといって良いでしょう。

出典：CircleCI HP
URL https://circleci.com/docs/ja/2.0/workflows/#section=jobs
図4-11 CircleCIの操作画面のイメージ

>インフラ環境構築

インフラ環境構築の作業では、「**手順書**」と呼ばれるドキュメントに手順や設定内容をまとめておいて、それに従って構築作業を進めるのが一番手軽です。しかし、場合によっては手順書の作成者と構築の作業者が違うためにコミュニケーション上の齟齬が起きたり、そもそも人間が作業することによってミスが起こりやすかったりするという問題があります。こうしたミスによって本番環境が正常に動かなくなると、顧客が使っているプロダクトやサービスに大きな悪影響が発生してしまいます。

こうした問題のひとつの解決策として、環境の設定の内容をコードで管理する**Infrastructure as Code**（IaC）という考え方が広まってきています。設定内容をコードで管理すると、従来の手順書のようなドキュメントと違って読む人によって解釈が変わることがありません。また、コードを使って自動的に環境を構築することもできるようになり、ヒューマンエラーの発生を防ぎつつ作業時間を大きく短縮することができます。さらにコードの内容を前述のバージョン管理システムによって管理することで、インフラ環境の変更内容の記録を残すことができるようにもなります。

Terraform（テラフォーム）は、インフラ環境の設定を図4-12のようなコードで管理するための代表的なサービスです。先に紹介したAWSやGCPでインフラ環境を構築する際にもTerraformを利用することができます。また、インフラ環境を定義したり構築したりするだけでなく、図4-13のような画面でアプリケーションが動くようにミドルウェアを自動的に管理するサービスもあり、「サーバー設定自動化」や「構成管理」という概念で説明されます。これらの代表的なものとしては**Ansible**（アンシブル）、**Chef**（シェフ）、**Puppet**（パペット）などがあります。採用文脈では、個別のサービスの違いを詳細に理解する必要はありません。サービス名が求人票などで出てきた際に、インフラ環境の構築をサポートするためのツールだということがわかるようにしておけば十分でしょう。

補足すると、インフラの構成をコードで管理することが絶対的に正しいとは限りません。そもそもコード化するためのコストやコードの管理コストがかかりますので、システムの規模感やチームの課題に沿って考えることが重要です。

```
variable "base_network_cidr" {
  default = "10.0.0.0/8"
}

resource "google_compute_network" "example" {
  name                    = "test-network"
  auto_create_subnetworks = false
}

resource "google_compute_subnetwork" "example" {
  count = 4

  name          = "test-subnetwork"
  ip_cidr_range = cidrsubnet(var.base_network_cidr, 4, count.index)
  region        = "us-central1"
  network       = google_compute_network.custom-test.self_link
}
```

出典：Terraform HP
URL https://www.terraform.io/
図4-12 Terraformのコードのイメージ

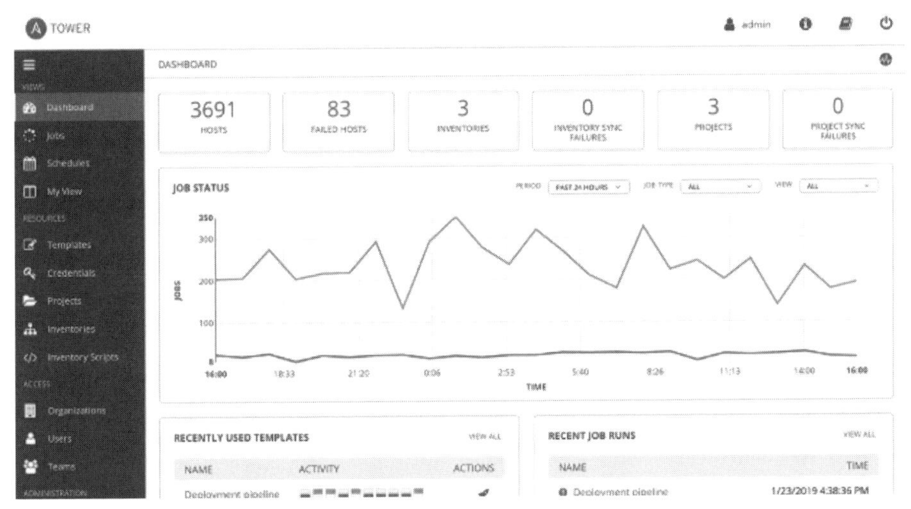

出典：Red Hat Ansible HP
URL https://www.ansible.com/
図4-13 Ansibleの操作画面のイメージ

>データ管理・収集・可視化

サービスからはさまざまなデータを収集することができます。これらの多種多様で大量のデータを、管理・収集・可視化するためのサービスがあります。図4-14のようなイメージでさまざまな場所からデータを集める「データ収集ツール」と呼ばれるカテゴリーではFluentd（フルエントディー）が代表的です。また、図4-15のような画面を使ってデータの内容をダッシュボードやレポートで確認するために使われるのは「統合監視ソフト」というカテゴリーのサービスで、Zabbix（ザビックス）などが有名です。

採用文脈では、これらのサービスについての詳細を理解する必要はありません。どんなサービスなのかおおまかなイメージを付け、さらに自社で使われている目的を把握しておけば十分でしょう。

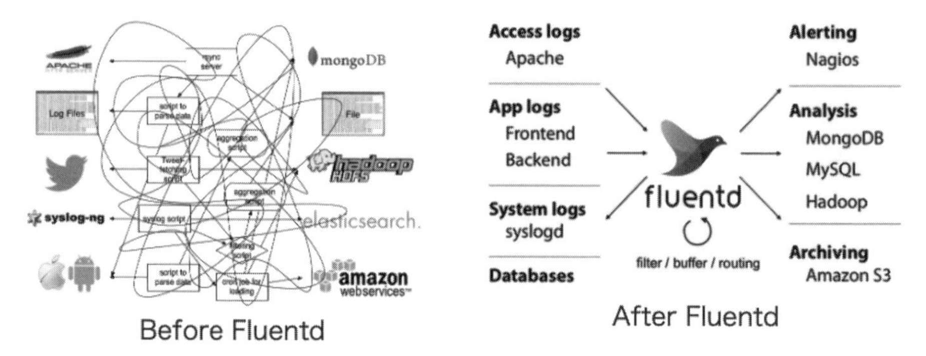

出典：fluentd HP
URL https://www.fluentd.org/architecture
図4-14 Fluentdの機能のイメージ

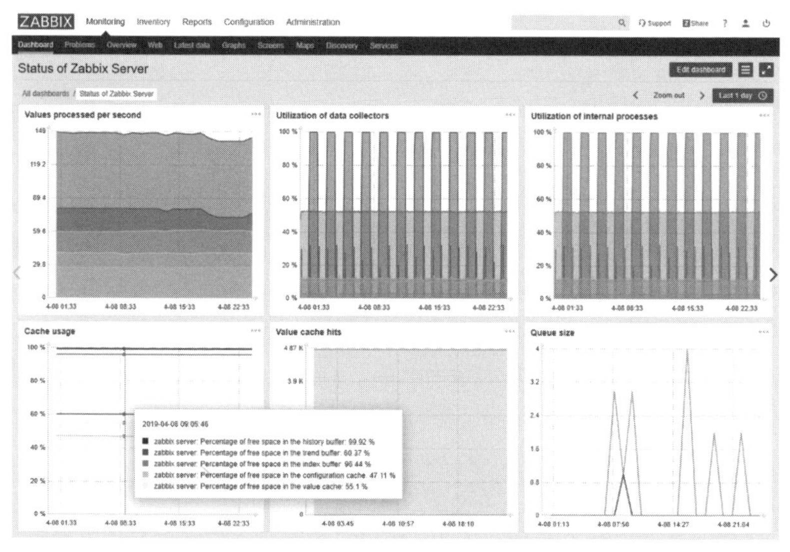

出典：https://www.zabbix.com/jp/screenshots
図4-15 Zabbixのレポートのイメージ

>エディタ、IDE

非エンジニアでもテキストエディタとしてメモ帳や Microsoft Word といったソフトウェアを利用すると思いますが、エンジニアがプログラムを記述する際に使うエディタは非エンジニアにはほとんど馴染みのないものが多いかもしれません。エディタの代表的なものには**Emacs**（イーマックス）、**Vim**（ヴィム）、**Visual Studio Code**などがあります。採用文脈では、個別のサービスの違いを詳細に理解する必要はありません。サービス名が求人票などで出てきた際に、エディタのひとつだということがわかるようにしておけば十分でしょう。

また、**IDE**（アイディーイー）（Integrated Development Environment：統合開発環境）はエディタに加えてコードの実行機能やエラーの検知機能を持つ開発環境のことで、図4-16のような画面で開発を行います。IDEの代表的なものには**Eclipse**（エクリプス）、**XCode**（エックスコード）、**IntelliJ IDEA**（インテリジェイ・アイディア）などがあります。

エンジニアがその開発能力を十分に発揮するためには、慣れ親しんだ開発環境を使う必要があります。特にエディタやIDEは開発環境の中でも重要なもので、たとえばEmacsを使い慣れているエンジニアにVimでの開発を強制した場合、開発の効率が大幅に落ちることはおろか、エンジニアにとてつもない精神的な負荷を与えてしまうでしょう。IDEには有料のものも多いですが、こうしたツールを自由に購入できない環境は、エンジニアに対して大きなマイナスの印象を与えてしまいます。「企業の特性上必ずこのIDEを使わなくてはいけない」という状況でもなければ、エンジニアの好きな環境を用意できるようにしておくのが良いでしょう。

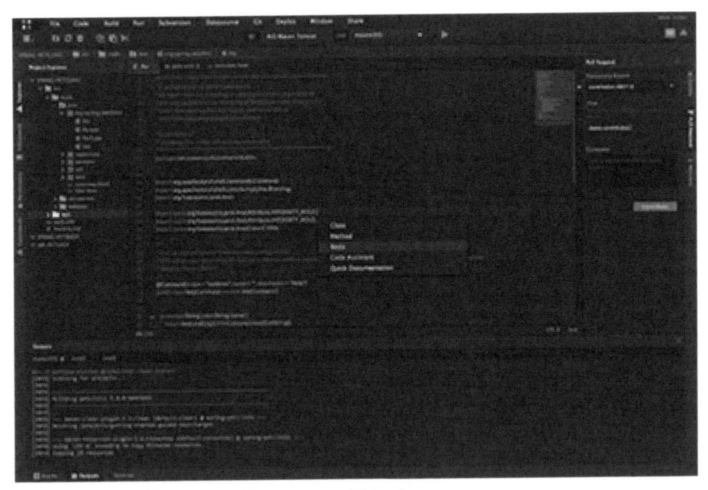

出典：https://www.eclipse.org/ide/

図4-16 EclipseのIDE Platformsの画面のイメージ

Column

●サービスやツールの利用経験は採用要件に必要？

本節では開発を支援する概念とツールを説明しましたが、各項目で例として取り上げたサービスはあくまで一例だと理解してください。

たとえば、エンジニアから「Terraformを使った経験を持った人を採用したい」という要望がきたとしましょう。この場合、採用サービスを使って候補者を探す際に、すぐ「Terraform」で候補者を絞り込むのではなく、そのサービスの利用の前提となるインフラの構築や管理の経験を持つエンジニアを探すことも考えてみましょうか。単語の一致だけではなく、その裏側まで考えた採用活動ができるようになると採用の可能性はぐっと広がります。第5章でも関連する話題を取り扱いますので、一緒に考えてみましょう。

STEP UP

ワンランクアップ「作り方」

●技術の進歩を助けるOSSという概念

OSS（Open Source Software）は、目的を問わずソースコードの改変や再配布が可能なソフトウェアの総称です。これらのコードは商用、非商用を問わず利用することができ、さらに修正したり再開発したりして再公開することを許されています。つまり、技術を無料で共有し、皆で進歩させようという取り組みです。

第2章で紹介したLinuxやAndroidといったOS、RubyやPythonといったプログラミング言語、WordPressやMySQLといったアプリケーションもOSSです。あなたがRubyでサービスを開発する際にはRubyの開発者にお金を支払う必要はありません。また、Rubyにバグ修正や機能追加の要望があれば自分自身でコードを改変することもできます。こうしたOSSへの貢献をOSS活動と呼びます。

OSS活動はエンジニアにとってある種の技術力の証明としても認識されています。そして貢献する人という意味で「コントリビューター」、「コミッター」などと呼ばれます。コントリビューターは技術的に優秀なエンジニアが多く、有名なOSSのコントリビューターはエンジニアの尊敬の対象となっています。そのため、エンジニア採用の顔であるCTOが有名なOSSのコントリビューターである場合などは、それ自体が採用活動での非常に強力な武器になります。あえて有名なコントリビューターをエンジニア組織の顔として登用するケースもあります。

前述のGitHubはGitで管理されたソースコードをクラウドで管理するためのサービスですが、GitHubにアップロードしたソースコードは世界中の人に公開したり共有したりすることができます。GitHubはOSSを公開する場のデファクトスタンダードとなっており、先のRubyやPythonをはじめ、多くのソフトウェアが図4-17のようにGitHub上で公開されています。

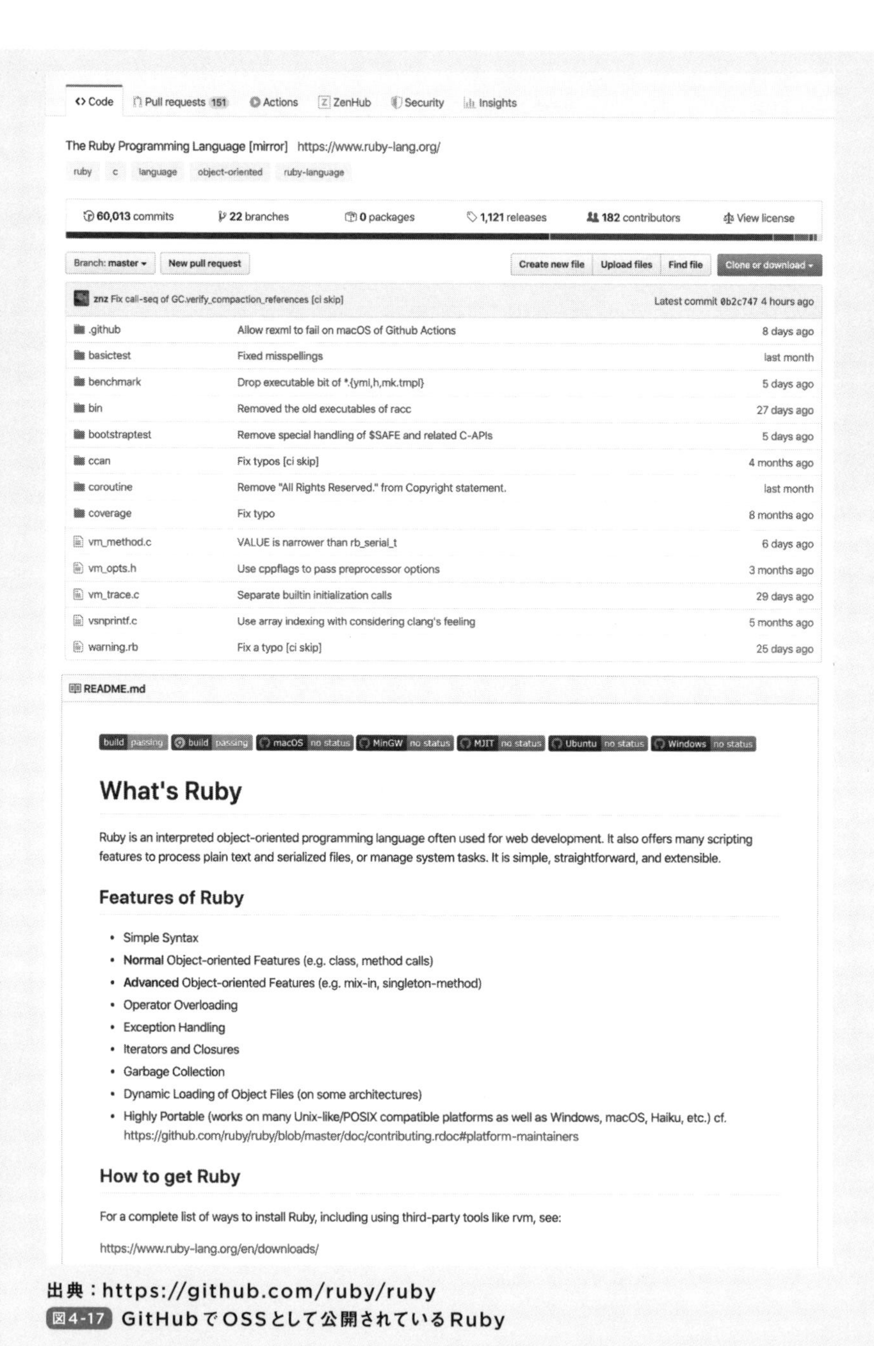

出典：https://github.com/ruby/ruby

図4-17 GitHubでOSSとして公開されているRuby

●開発にまつわる表現

ここでは採用業務でよく聞く開発にまつわる表現について説明します。こうした表現は、専門用語ではないものの非エンジニアにとってはイメージしづらいものです。これらの表現が意味するところを理解できれば、社内外のエンジニアとのコミュニケーションがとりやすくなり、採用要件などのアウトプットのクオリティが高まるでしょう。

・**レスポンスを速くする**

レスポンスは32ページでも説明した通り、サーバーからの応答のことを指します。つまり、「レスポンスを速くする」が意味するのは「応答速度を改善する」ということです。たとえば洋服のECサイトで、なかなか画像が表示されずずっとローディングアニメーション（画面上でくるくると円が回ったりするもの）しか表示されなければユーザーはそのサイトから離脱してしまいます。そのため、レスポンスを速くするために、画像の読み込みの回数を減らしたり、データベースへのアクセスの回数を減らしたりといった取り組みが行われます。

・**スループットを上げる**

スループットとは、一定の時間で処理できる量のことを指します。つまり、「スループットを上げる」が意味するのは「処理能力を上げる」ということです。たとえば洋服のECサイトで年末に大規模な割引キャンペーンを開催したとすると、キャンペーン期間中は普段より多くのユーザーのリクエストを処理しなければなりません。これに対応するために一般的なのは、処理するコンピュータの量を増やして同時並行で処理を進める方法です。

・**拡張性を高める**

拡張性とは、ソフトウェアに新たな機能を追加したり性能を向上させたりする際に、それを小さな変更で実現できたり既存機能に悪影響を及ぼしにくかったりする性質のことです。

昨今のプロダクトは開発して納品すれば終わりではなく、常にアップデートしていくことが一般的です。そのため、将来のプロダクト開発の際に追加の実装が容易になるように、アプリケーションやデータベースの設計を工夫しておくことが重要です。一方であらゆる拡張に対応できるようにすることは不可能ですし、拡張性を高めれば高めるほど開発工数も必要です。そのため、拡張性と開発速度のトレードオフを考慮して開発の方針を決める必要があります。

・技術的負債を返す

技術的負債とは、ソフトウェアの機能開発に伴って発生するバグや設計上の問題などの総称です。技術的負債は誰かが大きな失敗をしたことでもたらされるものではなく、プロダクトの開発を続けると必ず徐々に溜まっていくものです。

こうした負債を放置すると、開発速度が低下したり、設計が汚くなったり、場合によっては取り返しのつかないバグが起きたりしてしまうこともあります。したがって、プロダクト開発の優先順位を決める役割の人は、機能開発と技術的負債の返済のバランスをうまくとる必要があります。

・リファクタリングする

リファクタリングとは、ソフトウェアの機能やインターフェイスを保ちつつ、設計を改善したりレスポンスを速くしたり技術的負債を返すために内部構造を変更することを指します。リファクタリングによって開発速度を向上させることができる場合もありますが、リファクタリングそのものは機能として直接ユーザーに価値を提供するものではありません。そのため、前述の技術的負債の返済と同様、プロダクト開発の優先順位を決める役割の人がうまくバランスをとって進める必要があります。

応用編

第3部

学習編ではよく使われる用語を解説し、用語同士の関係を整理してきました。これまでに紹介した内容で、2020年現在のエンジニア採用のために必要な知識の基礎はすでに身に付いているはずです。ぜひお手元の求人や履歴書を見返してみてください。きっと以前までなら流し読みしていた用語も、「あ、これわかるようになったぞ」とその変化を感じてもらえるはずです。もちろん一度読んだだけですべてを理解することはなかなか難しいので、業務でわからない内容が出てきたときに、折に触れて復習していただくのが良いでしょう。

さて、ここまでエンジニアリング知識について理解を深めてきましたが、学習した用語量に比例して採用成功率が高まるかというと、やはりそう単純ではありません。学習した知識を採用業務に正しく応用する必要があります。

まずは、知識を応用できていないというのはどのような状態かを少し考えてみましょう。新しくエンジニア採用を任された方からは、よく次のような質問を受けます。

- サーバーサイドエンジニアは何ができればスキルが高いといえますか？
- Androidエンジニアには何を伝えれば魅力に感じますか？
- GitHubを使ったチーム開発は入社後にキャッチアップ可能ですか？

いずれも候補者の興味を惹きつける方法や、候補者の能力を推定する方法について知りたいという内容です。これらの質問の内容を、エンジニアから採用担当者に置き換えてみます。

- 採用担当者は何ができればスキルが高いといえますか？
- 評価制度を作れる人事担当者には何を伝えれば魅力に感じますか？

- ATSツールを使った採用管理業務は入社後にキャッチアップ可能ですか？

このようにご自身の身近な例で考えてみると感覚的にわかりやすいと思いますが、こうした質問に明確に答えるためには、**「具体的な業務内容」**や**「何を基準に考えるか」**といったことを深掘りする必要があります。

これはどんな職種でも同じことがいえますが、採用を成功させようとすれば、候補者、社内、採用環境などさまざまな要素の**解像度を上げていくこと**が大切です。そして、そこから先は明確な答えがない領域ですので、基本的な知識を身に付けた前提で、さらに**自分自身で考えたり、知識を強化する力を身に付けたりする必要**があります。

そのため、応用編ではエンジニアリング知識の学習から一歩踏み出していくことにします。第5章では採用担当者の能力とエンジニアリング知識の採用業務への応用方法を説明します。そして続く第6章では、より一層学習を深め、今後も知識を最新に保つために学び続けられる方法を、具体的なコンテンツの紹介を交えながら提案します。

応用編

第5章

エンジニアリング知識を採用業務に応用する

本章では、採用活動上の重要な考え方を紹介しながらエンジニア採用の担当者としてのレベルを分類し、それぞれのレベルの採用担当者が取り組む業務で、どのようにエンジニアリング知識を応用するかを具体例を交えながら述べていきます。

エンジニア採用担当者のスキルとしてよく議論されるのは、特定の媒体の運用のやり方や、大量の履歴書をいかに効率的にさばくかといった小手先のテクニックやTipsばかりになりがちです。しかし、本当に必要なのは、採用の要望を挙げている現場の課題感をしっかりと理解できるだけの知識や、社内のメンバーや候補者と適切なコミュニケーションをとれる能力です。本章では、こうした本当に重要な採用担当者の業務のみを取り上げています。

なお、本章で議論しているのは、「採用担当者としての能力」ではなく、あくまで「エンジニア採用担当者としての能力」についてです。専門職であるエンジニアの採用には他の職種の採用とは異なる知識が必要になります。たとえば、エンジニアコミュニティの文化や志向性、エンジニアの採用市場特有の環境などです。こうした特徴がエンジニア採用をより困難にしています。そのため、ビジネス職の採用などとは大きく視点を変えなければならないという前提から本章を読み進めてください。

エンジニア採用の担当者としてのレベル

本節では、エンジニア採用の担当者としてのレベルを**社内のエンジニアとの関係を基準**にレベル0からレベル3までに分けて解説します。第1章でも述べた通り、エンジニアリング知識を学ばなければならない理由を一言でいうと、「**社内外のエンジニアと適切なコミュニケーションをとるため**」です。そのため、身に付ける能力や考え方によって、社内のエンジニアとの関係がどのように変化するかという観点から、エンジニア採用への習熟度を定義します。

それでは、レベルごとの定義と職務内容を見ていきます。

>レベル0：ワーカー

ワーカーとは、エンジニアの指示に従うだけで、指示の内容を理解する必要を感じないまま、ただ作業をこなすだけのエンジニア採用担当者です。

このレベルのエンジニア採用担当者は、エンジニアリング知識がないためにどんな人材を採用したいのかがわからず、エンジニアから依頼された要望の妥当性や採用難易度を判断することができません。そのため、エンジニアから言われるがままに求人票を作成し、さらにそれをそのまま求人媒体やエージェントに依頼します。スカウト活動であれば、取りあえず求人票に書かれたプログラミング言語の名前でキーワード検索を行い、検索にヒットしたエンジニアに対してテンプレートのスカウトメールをバラまいてしまいます。

この場合、採用が成功するかどうかは、ワーカーの能力は関係なく、エンジニアが適切な採用活動を設計できるかどうかに強く依存してしまいます。けれども、多くの場合、現場のエンジニアは採用のプロではありません。そのため、母集団の人数や給与の相場といった採用市場を無視した要望や求人票で採用活動をしてしまいます。当然ながら、妥当性や魅力づけができていなければ極端な売り手市場の中では応募者が集まらず、採用はうまくいかないでしょう。

第1章でも述べた通り、この状態では「採用できない」「労力が増え続ける」

「採用費用が膨らむ」といった負のサイクルに入ってしまいます。自社のエンジニア採用において何が問題なのかを把握できず、効果的な改善もできないという非常につらい状態で苦しみ続けることになります。

>レベル1:セクレタリー

セクレタリーとは直訳すると「秘書」となります。エンジニアの要望を正しく理解し、その願いがかなうように可能な限り尽力することができるエンジニア採用担当者です。たとえば、秘書が社長から会食のセッティングを依頼され、相手が上場企業の役員なのに格安居酒屋をセッティングしてしまったら、その秘書は適切な仕事ができていないことが直感的にわかると思います。セクレタリーは**エンジニアからのリクエストの「背景」を正確に理解する必要**があります。なぜこのエンジニアを採用する必要があるのか、どういった人材を求めているのかを正しく理解するために、基本的なエンジニアリング知識が必要になるのです。

「背景を理解する上で何が重要なのか」さえ採用担当者の中で明確になっていれば、求人票やスカウトといった施策の質が劇的に向上することになります。社内のエンジニア側も、技術に一定の理解がある採用担当者に対しては「どんな人材がほしいのか」「何を伝えてほしいか」を詳しく説明する価値があると思ってくれますから、エンジニアから情報を引き出しやすくなります。

それでは、エンジニアの要望の背景を理解するために必要な要素を具体的に見ていきましょう。

●採用目的と採用対象のペルソナを説明できる

あらゆる採用のゴールは「採用すること」ではなく、**採用を通じて「組織課題を解決する」こと**です。そのため、求人が発生するときには必ず既存のチームやプロダクト、サービスに何らかの課題が発生しています。たとえば、「検索機能が非常に遅く、それを解決できる人材がいない」や「スクラムへの知見が足りず、チーム開発のスピードが上がらない」といった内容です。その課題に対して、採用ではなく配置転換ではダメなのか、育成ではダメなのかといった打ち手が検討され、最も合理的な手段として採用が選択されているはずです。

こうした背景がありますから、採用を始める前に「なぜ採用するのか?」「その採用によって解決したい課題は何か?」について要望を出してきた部署に確認

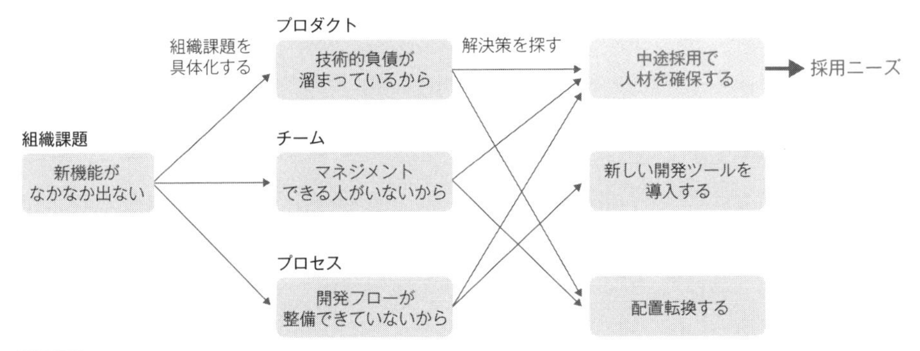

図5-1　組織課題と採用要望

しなくてはなりません。また、解決すべき課題が明確になれば、課題を解消できる人材が採用すべき人物像ですから、必要なスキルの解像度も上がります。**採用目的から必要なスキルの解像度を上げていくこと**が重要なポイントです。

ここでよくあるアンチパターンとしては、「人手が足りない」「取りあえず優秀なエンジニアがほしい」といった理由を鵜呑み（うのみ）にしてしまうケースです。もちろん「人手が足りない」ことは確かなのですが、その背景をどれだけ具体的に把握できているかでターゲットや訴求方法が変わってくるはずです。課題を具体化するために、これまでの章で学習した構造と対応づけて「プロダクト」、「チーム」、「プロセス」の観点から社内のエンジニアに課題を質問してみるのもお勧めの手法です。たとえば、次のような質問例が考えられます。

質問例

「そのエンジニアは入社後にプロダクトのどの部分を改善するのですか？」
「そのエンジニアは誰と一緒に、どのように連携しながら働くのですか？」
「そのエンジニアに期待する具体的な業務内容は何ですか？　その業務は現在○○さんが担当していますが、もう一人採用する理由は何ですか？」

採用担当者自身がこれらの問いに高い解像度で答えられるようになることが、エンジニア採用の質を上げるためのスタート地点といえます。

エンジニア採用においては、課題を把握する難易度は他の職種と比べて高いことは事実でしょう。セールスや経理といった仕事は実際の業務内容をイメージしやすいのに対して、エンジニアの仕事はエンジニアリング知識がないとそもそも何をやっているのか理解しづらいためです。

そのため、改めてこれまでの章を振り返り、単語の意味だけでなく全体像・関係性を関連づけて見る訓練をしてください。そして求人票やスカウトの中で、解決したい課題を明確に伝えられているかどうかを確認してみましょう。

●明瞭で必要十分な採用要件を記述できる

何の目的でどんな人がほしいのかが決まった際に確認しておかなければならないのが**採用要件**です。期待する業務や採用ペルソナがぼんやり決まったとしても、それらを満たす人物であると判断するには何かしらの要件を設けなければなりません。

多くの場合、現場のエンジニアは採用のプロフェッショナルではありません。そのような人に採用要件の作成を委ねると、本来の採用したい人物像から徐々に逸れ、「あれもできたら良いな」「これもできると良いよね」と過剰な条件を書いてしまうことが往々にしてあります。それがそのまま求人票になってしまうと、求めているレベルに対して提示する待遇やミッションが不十分になり、結果として採用に失敗してしまいます。採用のプロたるエンジニア採用担当者は、必要十分な採用要件が定義されることに責任を持たなければなりません。この際に採用市場に関する知識とエンジニアリング知識が同時に要求されることになります。

適切な採用要件を定義するための最初のステップとしてお勧めなのが**Must要件とWant要件を事前に明確にする方法**です。Must要件は、これがないと決して採用できないという本当に必要な能力です。そしてWant要件は、あったら望ましい能力です。もちろん、選考を重ねなければわからない情報もあるため、選考のステージごとに基準を決めておくのが良いでしょう。たとえば、「スカウトする段階ではRubyの実務経験が確認できればOK」などです。

採用要件を定義した上で採用業務を進めると、Must要件を満たしているのに言語化できない理由で採用を見送ることがあります。これはMust要件の定義が甘いことで起こりますが、このとき見送ることになった理由は、その後に新たなMust要件として加えられるべきです。セクレタリーレベルの採用担当者であれば、この理由が技術的なものであっても理解できるはずです。エンジニアへのヒアリングを実施してしっかりと引き出しましょう。

>レベル2：パートナー

パートナーは、エンジニアから技術についてアドバイスをもらいながら、採用の成功に向けてより良い施策や採用プロセスの設計をエンジニアと対等な関係でアドバイスするエンジニア採用担当者です。

セクレタリーはエンジニアの言っていることは理解できても、自分自身での判断や提案ができませんでした。これに対してパートナーは、採用市場における自社の見え方や候補者の採用倍率といった**採用文脈での情報は現場のエンジニアよりも正確に理解**しており、採用に関する現場からの要望に対して適切なアドバイスをしたり、修正案を出したりすることができます。そして採用活動の設計や実施に責任を持っています。

具体的には、現場のエンジニアから出てきた採用要件に対して、「これでは採用は難しい」と必要に応じて採用要件の見直しを提案できたり、採用期限の交渉をしたりすることができます。また、求人票で候補者の興味関心を惹くような訴求を打ち出すことができ、それが技術的な内容を含む場合であってもエンジニアとコミュニケーションをとりながら問題なく進めることができます。

それでは、このように採用活動を主導する採用担当者として活躍するために必要な要素を詳細に確認しましょう。

●技術的な観点も含めて採用競合を理解する

候補者に対して自社が魅力的に映るかどうかは市場の相対評価によって決まります。極論、まったく採用競合がいなければ待遇や訴求内容を工夫する必要はありませんが、たくさんの採用競合がそれぞれ工夫して採用に取り組んでいる状況下では、採用競合をしっかりと把握した上で自社の強みを明確にした訴求を行っていく必要があります。

ここで1つポイントがあります。それは、エンジニア採用における採用競合は「ビジネスモデルや業種、業界が類似している企業」だけでなく、**「使っている技術が類似している企業」も考慮に入れる必要があること**です。たとえば、サーバーサイドはRubyで開発をしており、フロントエンドはTypeScriptで開発をしているといったプログラミング言語での分類が挙げられます。他にも、ECサイト、メディア、ゲーム、SNS、チャットツールといった大規模なトラフィックを扱うインフラが必要になるといった開発上の重要な課題での分類もあります。また、検索機能やレコメンド機能、オークション機能といった特定の機能で採用が競合するケースもあります。そのため同業他社であっても、使っているプログラミング言語が違えばまったく採用競合ではないこともあり得るでしょう。

こうした切り口から競合をリストアップするのは難しいですが、自社に応募してきた候補者が他にどんな企業に興味を持っているかを聞いてみることで、能動的に調べなくても競合を調査することができます。その他にもWantedlyやGreenといった求人掲載サービスを使っていれば、自社の求人の隣に掲載されていたり、検索したときに近くに表示されたりするような企業も採用競合となります。

そして、採用競合と比較した際の訴求内容が客観的に見て魅力的なのか、採用競合の訴求表現の中に自社に取り入れられるものがないかなどを考えながら、**相場観を養っていくこと**が重要です。

日頃から求人サイトを眺めている採用担当者よりも、現場のエンジニアや採用活動に関わっていない役職者のほうが採用市場に対する理解が浅いはずです。その結果、競合を意識できていない無理な採用要件を提示されたり、候補者への訴求の材料を用意してくれなかったり、予算を渋られたりすることがあるかもしれません。そうした場合にも、採用競合のリストとそれらが競合たる理由が用意できれば、競合の求人票をいくつか見繕って人員計画の決裁者やエンジニアの責任者に共有し、ステークホルダーに理解してもらう材料として使うこともできます。

最後に、第1章で紹介した**母集団人数の把握**も大事な観点であることを意識しておきましょう。働く人の待遇は市場原理によって決まります。希少価値があり、たくさんの企業が募集を出しているスキルは年収が高くなります。少し落ち着いてきましたが、数年前の機械学習エンジニアなどはまさにその最たる例でした。採用ニーズが非常に高いにもかかわらずスキルがある人材は少ないので、驚くほど高額な給与でオファーされていました。こうした市場の状況を無視し、「非常に優秀なエンジニアを薄給で雇おうとしている」と読み取られる求人を掲載してしまうと、応募が来ないだけでなく、「エンジニアを不当な条件で雇おうとしている悪い企業」という印象すら持たれかねません。スキルと待遇のバランスを正しく保つことも、パートナーレベルの採用担当者の重要な仕事のひとつです。

●エンジニアの志向性を理解する

エンジニアはインターネットで情報を集めることに長けており、社内だけでなくエンジニアコミュニティ内でも職場の環境に関する知見を共有し合っています。それに加えて、エンジニアの採用市場は極端な売り手優位であることも相まって、優秀なエンジニアは少しでもネガティブな要因がある企業を避けています。

まずはエンジニアが働く際に何を重視しているのか、つまりは**エンジニアがどのような志向性を持っているのかの傾向**を把握しましょう。その上で自社が勝負できる武器を探すのが良いでしょう。図5-2はAPAC（アジア太平洋地域）における、エンジニアが職場に求めていることのデータです。

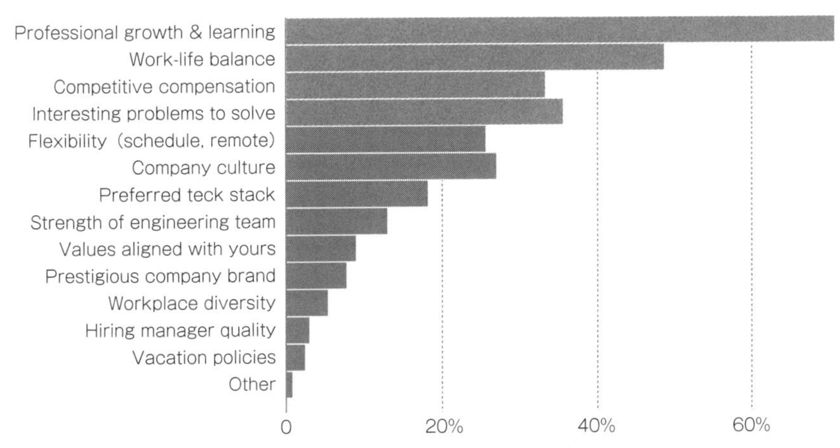

出典：「2019 HackerRank Developer Skills Report」
URL https://research.hackerrank.com/developer-skills/2019
図5-2　エンジニアが職場に求めていること

エンジニアは職場に対して、成長と学びの機会、ワークライフバランス、十分な給与、面白い課題やテーマを求めていることが読み取れます。成長と学びの機会を重視しているという事実は特に重要で、エンジニアは技術力を磨くことに対するモチベーションが高い人が多い傾向があります。こうした情報を踏まえて、自社がどのような技術的な特徴を持っているか、エンジニアに成長の機会や取り組み甲斐のある問題を提供できるかを考えた上で伝えるようにすることで、競合他社よりも相対的に強く魅力を伝えることが可能です。

もし自社でなければ経験できない技術領域があるのならば、それを強く打ち出しましょう。特に、その技術領域に興味がある人にとっては非常に大きな魅力になります。たとえば、機械学習やブロックチェーンといった専門的な領域の技術を自社で活用しているのであれば、これは十分に強力な訴求の要素になります。他にも、フロントエンド開発でSPAやBFFといったトレンドがある中で、自社がいち早くそうしたトレンドを取り入れているのであれば、他社との十分な差別化の要素になります。

もちろんエンジニアリングに関連するすべての領域について詳しくなる必要はありませんが、自社が使っている技術の詳細と、その技術に関するトレンドをつかんでいることが差別化において非常に重要です。技術のトレンドを把握するには、Qiitaなどの技術系SNSのトレンドランキングの上位をチェックしたり、カンファレンスに参加したりするのが近道です。第2部で扱った内容を理解していれば、技術記事やプレゼンテーションに触れたときでも、わからない単語をGoogleで検索したり、エンジニアに質問しながら読み解いたりすれば、トレンドの理解には十分なほどの情報を得ることができるはずです。

状況的に技術的な志向性に応える訴求ができないのであれば、福利厚生にフォーカスを当てることで魅力を訴求できます。逆に技術的な特徴があるのであれば、福利厚生で負けていてもその技術に興味のあるエンジニアを集められるかもしれません。求めている人材に対して訴求できる武器を何も用意できないのであれば、そうした外部要因の情報を説明し、採用要件を見直すよう働きかけるのもパートナーレベル以上の採用担当にしかできない重要な仕事といえるでしょう。

>レベル3：プロフェッショナル

プロフェッショナルは、エンジニア採用を成功させるために組織や採用プロセス自体を改善できるエンジニア採用担当者です。

エンジニアをどこまで採用業務にコミットさせるのかについての会社全体の方向性の決定、採用計画の立案、採用チームのマネジメントといったことまでを行います。さらにレベルが高くなると、エンジニアが集まりたくなる組織作りにまで取り組むこともあります。テックブログの執筆やカンファレンスの登壇などをエンジニアに依頼したり、エンジニアが候補者を惹きつける面談や面接ができるように教育したりすることもする必要があります。

それでは、組織を成功させる採用担当者として必要な要素を詳細に確認していきます。

●自社とエンジニア業界のコミュニケーションを設計する

プロフェッショナルは自社の開発周辺の情報を見渡し、候補者にとって魅力となる要素を自ら作らなければなりません。自社の何を強みとして定義し、それをどうやって候補者に伝えていくかを設計します。得てして長期間を要する施策が多くなるため、必要なリソースを確保するためのある種の政治力も必要です。こうした活動は「採用広報」という概念でまとめられることも多いです。

たとえば2020年3月現在であれば、Kubernetes、React、TypeScriptといった技術がトレンドとして挙げられますが、もしKubernetesを自社で利用しているとすれば、エンジニアに積極的にKubernetesのカンファレンスに登壇してもらったり、自社で勉強会を開催したりして露出を増やすことで、「Kubernetesに強い会社」というイメージを発信していきます。もし社内にOSSのコントリビューターがいれば、そのエンジニアのOSS活動を業務時間として認め、それを記事などで公開するといった施策を実施することもできます。

こうした施策は、仮に対外的なインパクトが小さかったとしても、自社の社員の満足度を高めるために有効である場合が多いです。社員の満足度の向上は、リファラル採用を活性化するための施策のひとつとして捉えることもできます。

●組織の将来を考えた採用計画を設計する

図5-3の調査からもわかるように、エンジニアの70%は3年以内に転職してしまいます。もちろん会社に魅力があればもっと長い間働き続けてくれるはずですが、複業やフリーランスなどが注目されて働き方が多様になっている昨今では、人材は流動的なものであるという前提を持っておかなければなりません。

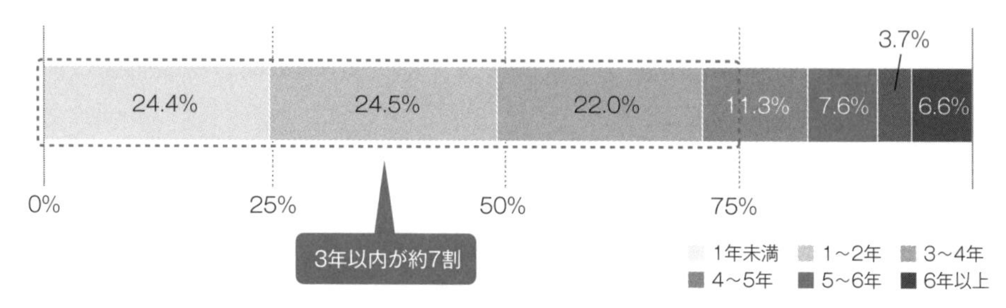

出典：LAPRAS HR TECH LAB「エンジニアの7割は3年以内に転職!? 職種ごとに見る勤続年数分布」
URL https://hr-tech-lab.lapras.com/analysis/hr-data-analysis-1/
図5-3 エンジニアの勤続年数

エンジニア採用が動き出してから目標とする候補者に内定を受諾してもらうまでのリードタイムはおおよそ3カ月から半年で、ポジションによっては採用要件の見直しも含めて1年以上かかる場合もあります。実際に入社するまでに内定受諾から数カ月、入社後に研修などを通じて戦力となるにはさらに数カ月が必要でしょう。そのため、ポジションが空いてから採用活動を始めても、現場からすれば遅いと感じてしまうものです。そもそも、採用を始める段階で思いもよらぬ退職や事業拡大が起きている場合もありますから、現場はそもそも3カ月も待てず「今すぐほしい」と切迫していることが多いのです。

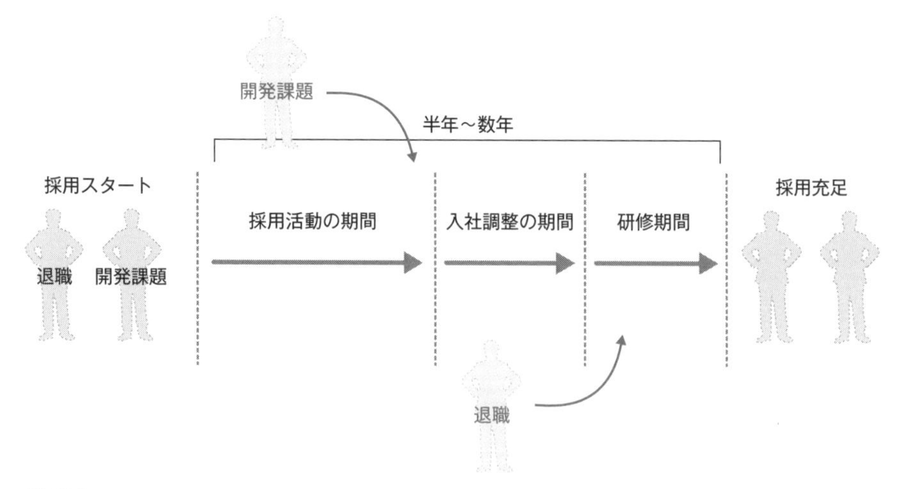

図5-4 内定までのリードタイム

計画していた採用でさえコントロールができない部分が多く遅れがちなのに、ポジションは次から次に空いてしまう。また採用すればするほど事業は加速し、さらに人が必要になっていく。採用業務は止まらないので、常に走り続けなければなりません。こうした継続的な採用のニーズを満たすためにも、第1章で紹介した転職潜在層に対するブランディングや採用広報などの活動を常に行っておく必要がありますし、自社と関係のある複数人の候補者と常にタッチポイントを設けておき、候補者を育成していくことが重要になります。

採用の視点から組織の成長を支えるためには、組織の将来を考えた採用計画を設計し、それを実行しなければならないのです。

●採用活動や候補者体験の向上に社内を巻き込む

14ページでも取り上げましたが、候補者が自社との関わりの中で感じる体験を採用CX（Candidate Experience）といいます。

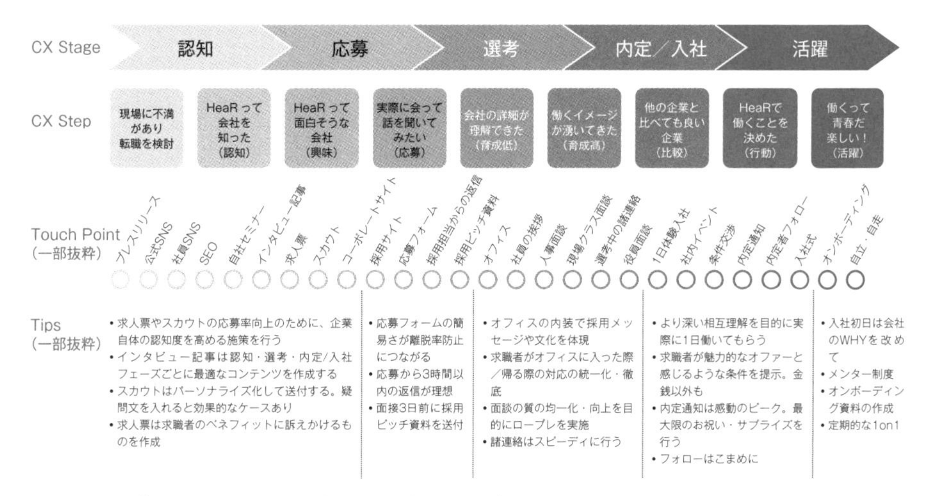

出典：HeaR「明日から実践できる採用CX施策を公開!」をもとに作成
URL https://blog.hear.co.jp/n/nfe07eef39847
図5-5 採用CXの全体図（図1-6を再掲）

採用CXは選考フローに乗るずっと前、「自社の情報に接した時点」から始まります。カンファレンスや勉強会で自社のエンジニアが発表したとき、発表を聞いて興味を持ったイベント参加者はすでに潜在的な採用候補者となります。エンジニアが執筆した技術記事やSNSでの発信などが話題になれば、SNSで自社のことを知るエンジニアもいるでしょう。記事に共感したエンジニアがその記事をTwitterなどでシェアしてくれたとしたら、その時点でそのエンジニアと自社との間にはかなり強い関係が構築されかけています。

そんな会社から自分の経験や、やりたいと思っていたことが詳しく書かれたスカウトメールが届いたらどうでしょう。きっと話を聞いてみたいと思うはずです。

さらには実際にオフィスに遊びに行ってみたら、優秀なエンジニアが面談に出てきて、自分がやりたかったことに熱心に取り組んでいる。選考に進んでみたら関わる社員が礼儀正しく接してくれ、技術を測る試験や指標も適切だったと感じる。こんな会社から内定が出たら内定受諾しない理由はありません。

優秀なエンジニア採用担当者は、このCXを設計できます。実務的には、転職潜在層のエンジニアが多く集まる注目度の高いイベントのリサーチをしたり、エンジニアが登壇したり参加するためのサポートをしたりすることになるでしょう。スポンサードのための予算を採用費用で確保するといった取り組みを行うことにもなるかもしれません。

また、転職潜在層をはじめとして関わりのある候補者を増やす活動も重要ですが、CXで鍵になってくるのは実際に候補者と対面する面談や面接です。一緒に働くエンジニアが面談や面接を行うのが理想ですが、会社によってはエンジニアが面談や面接に参加できないため、エンジニア採用担当者が一次面談や一次面接を担当するケースがあります。よく聞かれる技術的な質問にQ&Aを用意しておくことで、簡単な技術の質問をエンジニア採用担当者が答えられるようにすると候補者からの印象も変わります。さらに、エンジニア採用担当者は他のエンジニアと違って面談のプロでもあるので、気持ち良い体験をしてもらうチャンスでもあります。

こうした一連のCXを創出するためには技術用語だけではなく、**エンジニアの生の視点**が不可欠です。著名なエンジニアのTwitterやQiitaランキング、はてなブログのホットエントリーなどを見ながらエンジニアの接している情報と同じ情報を日々獲得していきましょう。

採用業務への応用

前節でエンジニア採用担当者としてのレベルの定義と、それぞれのレベルでどのような仕事ができるべきかについて述べました。

本節では、エンジニアリング知識が採用担当者の仕事にどのように使われ、またその結果として仕事のアウトプットにどのような影響を及ぼすかを、具体例を交えながら確認していきます。

>エンジニア組織の課題と必要なスキルの把握

レベル1：セクレタリーでは、エンジニアリング知識を活用して、開発の課題を捉え、課題を解決するためにどんなスキルが必要なのかを正しく把握できる必要があると述べました。

ここではケーススタディとして、採用要件の良い例と悪い例を紹介します。前述の課題とスキルを正しく理解できているか否かが採用要件の良し悪しに影響することを確認してみましょう。

• 採用要件

（悪い例）

■解決したい課題
・Webシステムを開発しなくてはならない

■求める役割
・Webシステムの開発

■求めるスキル
・フロントエンド開発経験5年以上
・サーバーサイド開発経験5年以上

・大規模インフラ構築経験
・マネジメント経験３年以上

まず解決したい課題が曖昧です。また、求めるスキルにMust要件とWant要件が混在しており、どのスキルを重視すれば良いのかわからない採用要件になってしまっています。求めるスキルの各項目が抽象的なのも問題です。「フロントエンド開発経験5年以上」は、ただ単に5年以上の経験があれば良いわけではなく、5年の経験があればきっとできるはずだと思っている「フロントエンドの設計」や「最新のフレームワークの利用経験」といった要件に分解されるはずです。

（良い例）

■解決したい課題
・スクラムを導入しているがうまく機能していない
・インフラを担当するメンバーのリソース不足で開発が遅延している

■求める役割
・スクラムチームに開発者として参加していただきます。プロダクトに関わる開発機能をすべて備えているチームに入ることになるため、TerraformやKubernetesを使用したインフラの整備も担当します。興味があればChromeの拡張機能の開発に携わることも可能です。

■求めるスキル
・スクラムでのバックエンド開発経験
・AWSやGCPなどの何らかのパブリッククラウドでのサービスの構築経験

■あればなお良いスキル
・Djangoを用いたバックエンド開発経験
・Kubernetesを用いたアーキテクチャ設計・構築・運用経験
・Vue.jsを用いたフロントエンド開発経験

開発チームが現在抱えている課題が明確で、なおかつ求める役割やスキルとの対応が正しくとれています。役割やスキルの記述が具体的で、Must要件とWant要件がきっちりと分けられているため、候補者の選考の際に社内で意見が分かれるといった問題も発生しにくいでしょう。

採用要件全体に技術用語が多いため、こうした採用要件を作り上げるには自社で使っている技術に関わる用語の知識は必須です。また、「自社でAWSを使っている」「インフラエンジニアを採用したい」という要件がエンジニアチームから与えられたとしましょう。このとき安直に採用要件に「AWSの利用経験」と書いてしまうことなく、エンジニアと「他のパブリッククラウドの経験でも大丈夫ですよね？」というコミュニケーションをとることで、採用要件を広めることができます。このように、適切で明瞭な採用要件を作りつつ、採用を成功させる可能性を最大限に高めるために、エンジニアリング知識を応用することができます。

>差別化と魅力の訴求

レベル2：パートナーは、エンジニアリング知識を活かして、エンジニアの志向性と、自社と採用競合の技術的な違いを把握できる必要があると説明しました。

ここではケーススタディとして、求人票とスカウトの良い例と悪い例を紹介します。自社の魅力を正しく訴求できることが、求人票やスカウトの良し悪しに影響することを確認してみましょう。

・求人票

（悪い例）
［フルスタックエンジニア］

■仕事内容
・最先端テクノロジーを用いたゼロイチ立ち上げをフルスタックでお任せします。

■具体的な仕事内容
・react.jsを用いたフロントエンド開発

・GitHub Flowを用いたソースコード管理
・BizDev、ディレクター、デザイナーなどのメンバーとの連携
・UXを考慮した改善提案、開発の実施
・要件定義、技術導入による開発効率や品質の向上

■必須要件
・Java script、node.js、react.jsなどのプログラミング言語やフレームワークでシステム開発の経験があるフルスタックエンジニア
・HTML、CSSなどのマークアップ言語の理解
・新たなテクノロジーを積極的に学習して顧客志向なサービス構築に向け社内外のシステムに実装させたい方

■歓迎要件
・メガベンチャー（メルカリ、ZOZO、freee、DeNA）などでのエンジニア組織のマネジメント経験
・スタートアップでの就業経験

■待遇
年収350万～800万円

この求人票は、一見すると課題と具体的な仕事内容が明確であるように見えます。しかし、必須要件と歓迎要件を見ると、「最先端テクノロジーに取り組んでいる何でもできるエンジニア」が必須要件であり、メガベンチャーでのマネジメントの経験やサービスの立ち上げの経験を持つ人材を望んでいるのが見えてきます。そのレベルのエンジニアに対して、初心者でも理解できそうなHTMLの知識を求めているのは要件に整合性がありません。また具体的な仕事内容を見ると、UXデザインやビジネス的な視点などかなり多くのことを求めているのがわかります。

こうしたスーパーマンのような理想の人材はそもそもほとんどいませんが、仮にいたとしても1,000万円近い年収を受け取っているはずです。これに対して下限350万円からという募集はアンバランスです。

まとめると、これは採用市場をまったく考慮できていない求人票で、おそらく他社の求人票を継ぎ接ぎしたか、エンジニアから出てきた要件をただ羅列しただ

けなのだろうなという想像ができます。

そもそもJava scirptとは何でしょうか。おそらくJavaScriptのことをいっているのはわかりますが、こうしたプログラミング言語の表記の誤りなどは著しくエンジニアからの信頼性を欠くので論外です。同様にnode.js、react.jsも表記が誤っています。「細かすぎる」と思われるかもしれませんが、細かい点を気にしているエンジニアは想像よりもずっと多いものです。候補者からの印象を損なう可能性がある要素は出来る限りなくすべきでしょう。

（良い例）

[フロントエンドエンジニア]

■仕事内容

マーケティングツールの分析レポートを提供するためのフロントエンド開発

■具体的な仕事内容

・分析レポートを表示するUIの開発
・バックエンドと連携したVueコンポーネントの開発

■必須要件

・Ruby on Railsを用いたWebサービス開発の経験
・ES2015+を利用したWebサービス開発経験
・React、Vue.js、Riot、Angularのいずれかのフレームワークを利用したサービス開発経験

■歓迎要件

・SPAの開発・運用経験
・BFFなどAPI開発の知識
・CSSやSVGでのアニメーション実装経験

■待遇

年収650万〜1,200万円（現職考慮）

この求人票では、必須要件からRailsやVue.jsに関連したフレームワークを使ったシステム開発であることがイメージでき、具体的な仕事内容もそのスキルセッ

トと関連が深いため、全体として納得感が高い状態でまとまっています。歓迎要件も必須要件や仕事内容の延長としてキャッチアップすべきことが記載されており、豊富な経験がある人から見て、「わかっている感」を感じる、安心して応募できる求人票となっています。SPA、BFFなどフロントエンドのトレンドもつかんでおり、成長できると実感できる良い求人票です。待遇に関しても、現在のエンジニア採用市場から考えて大きな乖離はなく、エンジニアに正当な報酬を支払っていることが読み取れます。

要件全体の整合性をとったり、候補者を惹きつけるために技術的なトレンドを考慮したりするためには、当然エンジニアリング知識を身に付けておく必要があります。求人票の作成には待遇に関する設定も必要ですから、エンジニア採用市場に対する深い理解も必要です。採用のプロとしての市場の知識と、自社の技術にまつわるエンジニアリング知識を兼ね備えることで、候補者に納得感を与え、採用成功につながる求人票が作れるようになります。

• スカウト

(悪い例)

A様

お世話になっております。XX株式会社の人事XXです。

エンジニアとして優秀でいらっしゃると感じましたのでスカウトをお送りさせていただきました。
弊社はXXというプロダクトを開発しているのですが、もしご興味いただけましたら一度弊社へお越しいただき、弊社エンジニアとお話のご機会をいただけないでしょうか？

弊社のポイントを記載します。
・設立から毎年売上記録を更新しています。
・毎月全社員で研修合宿を行い、社員の成長に力を入れています。
・書籍の購入代を負担します。

B様とぜひお会いできたら幸いです。

どんな人にでも当てはまるような内容のメールを送っています。これは、「数を打って当たればいい」という、受け取った側が悪い印象を持ちかねないアプローチです。また訴求するポイントも、採用競合をまったく意識しないありきたりな内容です。そもそも技術的な内容にまったく言及していないため、エンジニアを惹きつけることはできないでしょう。会社の知名度が高かったり待遇が良かったりすることで差別化できるわけでもないのに、他の採用競合と同じような文面で、「なぜ自分に声をかけたのか」が書かれていないスカウトは見向きもされません。

そもそも、候補者の名前やプログラミング言語のスペル間違いなどはスカウトとして論外です。また上の例では、冒頭と末尾で名前が異なっています。「そんな初歩的なミスをするわけがない」と思う方もいらっしゃるかもしれませんが、テンプレートをバラまくようなスカウトを送っている企業では他のメールを転用することもあり、思った以上にこうしたミスがよく発生しているのです。

（良い例）

A様

XX株式会社の人事XXと申します。

A様のブログに書かれていた「○○に関する○○」の記事や、○○のプロジェクトでのRailsでの開発経験を拝見してスカウトをお送りしました。

Railsの経験が多くElixirがやりたいと書かれている中で、弊社の開発環境はDjangoなのでご要望とは違っていましたら申し訳ございません。

サーバーサイドだけではなくKubernetesを用いてSREとして業務に取り組んでいらっしゃるA様のご経験が、少人数で未熟な弊社の開発チームを今後スケールさせていくためにとても魅力的に映りました。どうしてもA様とお話しできたらと思いスカウトをお送りしてしまいました。

平日であれば早朝や夜でもご都合に合わせられます。オンラインでの面談も可能ですので、A様のご都合に合わせて柔軟に調整できればと思っております。

こちらのスカウトでは、ブログの記事や技術的な特徴をきちんと理解していることがまず伝えられており、なぜAさんにスカウトが送られているのか、なぜAさんでなくてはならないのかがしっかりと書かれています。バラまきではなく、自分だけに送られているスカウトであることが文面から伺えます。さらに技術的にアンマッチかもしれないところも理解した上で送っていることや、相手の事情を尊重したいというスタンスも伝わってきます。

「この課題を解決するためには確かに自分の力が必要かもしれない」と感じてもらえるかがスカウトでは大切な視点です。必然性が語られているスカウトに悪印象を抱く人はあまりいません。また、オンライン面談も可能であるなど、エンジニア採用においての当たり前をきちんとキャッチアップしていることが伺えます。

エンジニアに良いスカウトを送ろうと思えば、技術に言及しないということはありえません。また、スカウト対象のエンジニアの技術と自社の技術がどのように関係しているのかを正しく理解していなければなりませんし、エンジニアの文化や考え方を尊重してアプローチしなければなりません。もちろん市場への理解も重要です。良い求人票を作るときと同様、スカウトを送る際にも、採用のプロとしての知識と、自社の技術にまつわるエンジニアリング知識を兼ね備えている必要があります。

>エンジニアにとってより魅力的な会社へ

レベル3：プロフェッショナルは、エンジニア組織のトレンドと採用のプロフェッショナルとしての知識を活かし、選考プロセスや組織を改善することによって、よりエンジニアが集まる会社へと導いていく存在であると説明しました。

ここではケース問題として、カジュアル面談の良い例と悪い例を紹介します。ここでいうカジュアル面談とは、選考を前提としない候補者と社員との面談のことで、お互いのことを知るために実施されるものです。ここでは特に候補者体験（採用CX）の徹底を主導することが、面談の良し悪しに影響することを確認してみましょう。

- カジュアル面談（採用CX）

（悪い例）

まず、履歴書・職務経歴書を提出してください。
なぜ弊社に興味を持ったのですか？
今までの経歴を説明してください。
こんな経験はありますか？
結果は後ほどご連絡させていただきます。

カジュアル面談なのに書類を出させたり、志望動機を確認したりしてはいけません。お互いの求めているものが合致しているようであれば選考という選択肢を提示するのがカジュアル面談です。そもそも応募しているつもりもないのに志望動機を聞いてしまったら、「社内での情報共有が不十分なのか」「カジュアルに話をしようというのは嘘だったのか」という悪い印象を候補者に抱かれてしまっても仕方ありません。

また、面談の担当者が技術に詳しくない場合、本当は良い人材なのに落としてしまったり、候補者との会話の中で意味不明な回答をしてしまったりすることもあるでしょう。こうした面談をしてしまうと、他の会社はエンジニアの体験を意識した面談を設計しているのに、自社はエンジニアに対する理解がない会社という印象が植え付けられてしまうことになります。下手をすると悪い評判が出回ったり、SNSで炎上することもありえます。そうなってしまったら、その後のエンジニア採用はとてつもなく不利な状況で進めなければならなくなってしまいます。

（良い例）

ご来社いただき、お話しする機会をいただきありがとうございます。
エンジニアをご紹介したかったのですが、調整がつかず採用担当で失礼します。可能な限りご説明させていただきますが、答えられない技術的な質問はエンジニアに確認して後日ご連絡させていただきます。
今日は、どんな話を聞けたらうれしいと期待されていますか？
その点を重点的にご説明させていただきます。

聞きたいことはすべてお聞きいただけましたでしょうか？
よろしければ選考のご案内をさせていただきたいのでご検討をお願いします。

エンジニア採用のことをよく知っている面談担当者がカジュアル面談を実施する場合は、面談の場が「疑問点をクリアにして、お互いが納得できるなら選考に進んでもらう」ものであることを理解しており、それを候補者にも伝えることができます。

理想的には、候補者が入社したとき一緒に働くことになるエンジニアがカジュアル面談も担当すべきです。やむを得ずエンジニア採用担当者が面談をする場合には、エンジニアが質問しそうな項目については社内のエンジニアに相談してQ&Aを用意しておくのも良いでしょう。可能な限り相手の質問に答え、自社の情報を正しく伝えられるようにします。もし回答できない項目があれば、自分には答えられないと正直に伝え、エンジニアに確認して別途連絡すると返事をするのが良いでしょう。

CXを意識した面談では、面談をアトラクトの場だという意識を持つことが大事です。エンジニア採用をしているさまざまな会社と比較して、素晴らしいと感じてもらえる面談を設計していきましょう。

こうした面談を実施するためには、採用のプロとしての知識に加えて、レベル2までで必要とされていたエンジニアリング知識は当然のように必要になります。それに加えて、CXを意識した候補者とのコミュニケーションを設計し、それらを正しく実行する能力も求められます。非エンジニアがエンジニアと面談をして、技術の話も含めて候補者を惹きつけるのは途方もなく難しいことですが、逆にこれができる採用担当者はエンジニア採用に必要なスキルを高いレベルで身に付けているという証拠になるでしょう。

応用編

第6章

学びを深め、
学び続けるために

学習編では、用語がどのようなカテゴリーに属するかといった構造をもとにさまざまな用語を幅広く網羅したので、理解しておくべき用語の全体像はつかむことができたかと思います。一方で、すべての用語について詳細に解説できたわけではありませんので、ご自身の業務で必要な用語に関してはさらに学びを深めていく必要があるでしょう。また、エンジニアリングは発展の早い分野ですから、数年後には新しい用語がたくさん出てきたり、用語の重要度が変わっていたりするでしょう。

さらに学びを深め、そして今後も継続的に学び続けるために、本章ではご自身で学習する方法について提案をしたいと思います。

本書の内容をマスターした後は専門家と会話をしてみたり、エンジニアリングに関するWeb上のアウトプットを見たり、実際にプログラミングを学習してみたり、といったさまざまな手段を使って、より多くの情報に触れてみてください。これによって、さらにエンジニアリングへの理解が深まります。今までは何もわからなかった文章や会話も、本書で基礎を学んだことで理解できる部分が増えているはずです。

本章で紹介するお勧めの学習方法以外にも、特定のプログラミング言語のカンファレンスや企業が主催する勉強会に足を運んでみたり、より専門性の高い技術書を読んでみたりと、ご自身の採用業務の改善にとって最適な学習方法を見つけてください。

エンジニアと会話しよう

エンジニアとの会話は非常に効率の良い学習方法です。会話は文章より短い時間で多くの情報をやり取りすることができます。たとえば、こんな何気ない会話をしたとしましょう。

(採用担当者)
「最近プライベートで何か開発されてますか？」

(エンジニアAさん)
「最近時間があったからVueを使ってSPAを作ってるんだけど、Vueはやっぱりわかりやすいから会社でも使いたいな」

ここではあえてSPAという本書では詳しく説明していない概念や、Vueという略称表現を入れています。そして、この短い会話でも多くの学びや、エンジニアへの質問のタネがあります。

- 「Vue.jsってビューって呼ぶんだ」
- 「SPAって流行っているの？　そもそも何？」
- 「"作ってる"という動詞と組み合わせて使うものなんだな」
- 「Aさんにとっては、Vue.jsはわかりやすいという特徴があるのか」
- 「社内では何でVue.jsを使わないんだろう」

会話をすると、単語の意味だけでなく、読み方や文の中での使い方を理解することができます。また、業務とどのように関連しているかという情報を教えてもらえたり、新たな疑問が生まれたりすることもあります。文章を読むよりも圧倒的に速く、多くの情報を吸収することができるのです。

本書を読んで一通りの基礎知識をインプットした次のステップとして、自社や周りのエンジニアと積極的に会話をするようにしてみてください。もし社内にエンジニアがいないときには、社外のイベントに参加してみたり、応募してくれた候補者に「自社の採用をもっと良くしたいから」とお願いをして、エンジニアリングに関連する会話をしてみるのも良いでしょう。
しかし、はじめは「どんな話をすれば良いのかわからない」「雑談ならできるけど学習を進められるような話題が思いつかない」と思われるかもしれません。そんなときは、これから紹介するポイントに沿って会話をしてみてください。

>自分が勉強していることを伝える

まず、**自分自身が「現在エンジニアリングを勉強している」という事実を伝えましょう。**逆の立場をイメージしてみてください。エンジニアからこんなことを言われたらどのように感じるでしょう。

> 「現在採用業務を勉強していて、採用広報の本を読んでいるんだ。ちなみに自社で一番困っている採用ポジションってどの職種なの？」

自分自身の業務に興味を持ってもらえることは誰でもうれしいものです。エンジニアも、採用担当者が歩み寄ってくれると、採用業務に協力したくなるものです。そして、「この人事は違うな」と一目置いてくれるはずです。
また、「今どんなことを勉強しているか」まで伝えると、エンジニアはすぐに知識のレベル感を汲み取ってくれます。きっとあなたにとって最適な先生になってくれるはずです。意外にも、採用担当者の知識レベルはエンジニアに伝わっていないことが多いです。「こんな低レベルなことを聞いたら無知がバレてしまう」といった恥ずかしさは捨てて自分の知識レベルを開示してみましょう。そうすることで、たとえば求人票の作成業務を依頼するにしても、「この部分の作成はエンジニアが担当したほうが良いから任せて」とエンジニアが役割分担を決めてくれることもあるでしょう。まずは自分自身が勉強していることを伝えてエンジニアとの信頼関係を作ることです。そしてわかること、わからないことを言語化してエンジニアに伝えてみてください。

>目的と仮説を伝える

学習を始めたばかりの方は、「何を質問すれば良いかわからない」という状態になり、その結果、「PHPのエンジニアは何に興味がありますか？」といった抽象的な質問をしてしまいがちです。立場を変えて、エンジニアから「採用広報の担当人事って何に興味がありますか？」といった質問をされることを想定してみてください。「答えにくいな」と感じるはずです。こうした状況を避けるために、話をするときには**自分の目的と仮説を伝えるように意識する**ようにしてみてください。たとえば、このような質問の仕方です。

> 「PHPのサーバーサイドエンジニアを採用したいので、求人票を改善したいです。採用競合はA社だと考えていて、知名度と給与では勝てていないように思います。そのため弊社がたくさんのユーザーを抱えていることを訴求しようと思うのですが、この内容は候補者に刺さりそうですか？」

まず質問の目的がPHPのサーバーサイドエンジニアの採用における求人票の改善だと伝えています。目的が見えていればエンジニアも話す内容を絞りやすいでしょう。また仮説として、今考えている訴求ポイントを伝えています。これにより話の軸が生まれるので、エンジニアから得られる情報は格段に質が上がります。仮説については、「答えを聞かせて」という姿勢の質問ではなく、「私の考えは正しいかアドバイスをください」という姿勢の質問を心がけてみてください。

>実際にモノを見せる

実際にモノを見せるのもお勧めです。たとえば、自社の求人票を並べた上で「この表記はエンジニアから見てどう感じますか？」や、「この要件は何のために書いているんでしょう？」と聞いてみると、エンジニアも答えやすいはずです。

学習を始めたばかりの方は文章がなかなか出てきません。用語もそうですが、用語の周りで使う動詞などがわからず、「間違っていたら嫌だな」と言葉に詰まってしまうことも多いです。そのように感じた場合は、本書や読んだ記事などをエンジニアに見せ、質問に至った前後の文脈もエンジニアに共有するようにしてみてください。

エンジニアのアウトプットを学習コンテンツにする

Web上にはさまざまなコンテンツがあり、無料で公開されているものも多いです。本節では、それらのコンテンツの中から、エンジニアリング学習に適したものをピックアップして紹介します。

Web上のコンテンツといっても、ニュース記事や解説記事などさまざまなものがあります。その中でもエンジニア採用の文脈では、**エンジニアがアウトプットした情報を見ること**がとてもお勧めです。最近ではTwitter採用やGitHub採用などのソーシャルリクルーティングが以前より一般的になってきているので、そうしたSNSでのアウトプットを見ることは、エンジニアリングに関する学習だけでなく採用活動で使うツールの理解にもつながります。また何より、採用候補者のアウトプットを見て、候補者の好みやスキルのレベルをおおまかに捉えることができるようにもなります。

エンジニアのアウトプットとしては、ブログなどへの記事投稿やSNSへの投稿、ソースコードの公開、イベント登壇時の発表スライドの公開、サービスの公開などがあります。ここではエンジニアがアウトプットをする際によく利用するサービスを紹介していきます。見るだけでなく実際にユーザーとして使ってみるのも良いでしょう。

> Qiita（ https://qiita.com/ ）

Qiita（キータ）は、エンジニアの技術的な情報の共有に特化した記事投稿サービスです。技術的な記事のみを投稿するサービスですが、非エンジニアも読めるような記事もあれば、非常に発展的な記事もあります。「○○（用語）　使い方」などのクエリでWeb検索した際に記事がヒットしやすいため、サイトを見たことがある方も多いと思います。

ユーザーは他の人の記事を「いいね」で評価したり、有用な記事を「ストック」したりすることができるので、記事のいいね数やストック数からその記事の人気や影響力がわかります。

また、「Qiita Organization」という、自社のエンジニアが書いた記事を企業ごとにまとめられる機能もあり、採用ブランディングの一環として活用している企業もあります。クリスマスの時期には「Advent Calendar」という投稿イベントも人気です。これは何かしらのテーマに沿って12月1日から12月25日まで1日1記事ずつ投稿していくイベントで、こちらも採用ブランディングの一環として活用されています。

お勧めコンテンツ

エンジニアのきゅ～ぶさんが執筆された、プログラミング言語の歴史に関する記事です。こういった歴史系の記事は内容が難しくなりがちですが、会話形式で非エンジニアにとっても理解しやすい内容になっています。

「プログラミング言語の歴史を会話方式で振り返る」
https://qiita.com/cube_3110/items/36ed9a604e2f0d12c759/

> はてなブログ（https://hatenablog.com/）

はてなブログはエンジニアに限らず広く利用されているブログサービスですが、エンジニアが個人ブログを開設する際によく用いられます。個人ブログは趣味の開発に関する記事や個人的な備忘録などを書くことも多いので、比較的ニッチな内容になりやすいです。候補者が多数の媒体でアウトプットをしている場合、どのような使い分けをしているかを見てみると趣味や嗜好などが見えることがあります。

お勧めコンテンツ

エンジニア出身の人事（「ジンジニア」）のてぃーびーさんのブログです。ジンジニアの方はエンジニアリングと採用の両方の視点を持たれている方が多いので、コミュニティなどに参加することもお勧めです。

「Tbpgr Blog」
http://tbpgr.hatenablog.com/

> note（ https://note.com/ ）

note（ノート）は文章、写真、イラスト、音楽、映像などの作品を配信するサイトです。こちらもエンジニアに特化しているわけではありませんが、最近ではエンジニアの利用も増えてきています。エンジニアがnoteでエンジニアリングに関する記事を書くときは、特にビジネスとの接点が多い記事や、組織論やモチベーションマネジメントといった人に焦点を当てた記事などが書かれやすい傾向にあるようです。

お勧めコンテンツ

エンジニアのもろちゃんさんが書かれた記事です。採用業務にも関係するテックブログに関する記事ですが、各社がどんな活動をしているのかを俯瞰できる示唆に富んだ記事です。またクローラー開発の業務内容や、エンジニアが転職時にどんなことを求めているか知ることもできます。

「150社のTechブログを分析して見えた、エンジニアが今転職するべき企業ランキング！（データ＆クローラーも全公開）」
https://note.com/chanmoro/n/n4473f2f14a12/

> Twitter（ https://twitter.com/ ）

エンジニアがよく利用するSNSといえばTwitterでしょう。数年前から**Twitter採用**という言葉が出始め、最近では定番の採用手法となりました。また採用広報の一環として、自社のエンジニア（特にCTO）が積極的に情報を発信している企業も増えてきました。専門的なポジションの採用を行う場合、その領域で有名な人のアカウントをいくつかフォローしてみることをお勧めします。技術や組織に対してのリアルな声を拾うことができ、非常に有用な情報となります。

お勧めコンテンツ

エンジニアのthreetreeslight（@threetreeslight）さんのアカウント。エンジニア目線で採用関連の投稿もありお勧めです。
https://twitter.com/threetreeslight/

>Speaker Deck（https://speakerdeck.com/）

Speaker Deckは勉強会の登壇資料などをアップロードし公開できるサービスです。さまざまな有用なコンテンツが公開されています。最近では12ページで紹介した採用ピッチ資料（会社紹介資料）をアップロードする企業も増えました。

お勧めコンテンツ

エンジニアのころちゃん（@corocn）さんが採用担当者向けに作られたスライド資料です。本書の主題でもある非エンジニア向けの学習コンテンツの先駆けです。私もとても勉強させてもらいました。また、今見ても毎回「勉強になるな」というポイントを再発見できる素晴らしいコンテンツです。

（採用担当者向け）エンジニア採用をする上での基礎知識/recruting_engineer_basic
https://speakerdeck.com/corocn/recruting-engineer-basic

まずは社内のエンジニアのアウトプットを確認し、よく知る人物がどのようなアウトプットをしているのかを人物像と紐づけてみましょう。たとえば、社内の人のアウトプットを探してみると、「社内のサーバーサイドエンジニアがフロントエンドのことを書いていた」「社内のテックリードがOSS活動をしていた」といった発見があるかもしれません。普段の開発領域や人物像のような事前情報とアウトプットを見比べてみると、「なぜ、この人はこのアウトプットをしているんだろう」と多くの疑問と学びが得られると思います。この事前情報とアウトプットの見比べを繰り返していると、「こういうアウトプットをしている人を採用するべきだ」と採用要件のペルソナからアウトプットが想像できるようにもなっていきます。その想像ができるようになれば11ページで紹介したソーシャルリクルーティングにも自然に取り組めるようになるはずです。

アウトプットについて聞かれることはエンジニアにとって非常にうれしいものです。あなたが書いたWantedlyフィードの記事や、採用ノウハウを書いたnoteの記事について誰かから質問されたら悪い気はしないのと一緒です。ぜひエンジニアのアウトプットについて質問して、何を考えて作ったのか、何が楽しかったのか、どんな反響があったのかなどを聞いてみてください。

学習サービスを利用する

プログラミングスクールに通ったりEラーニングをはじめとしたオンライン学習を行ったりするのもお勧めです。

>プログラミングスクール

本項では、本書の執筆のきっかけとなった企画「人事エンジニアリング勉強会」を共同で開催したプログラミングスクールを紹介します。スクールなどを活用してプログラミングの学習をすれば、エンジニアリングに関する知識をさらに上積みすることができます。また、各スクールで採用担当者や非エンジニア向けの講座が開かれることもありますので、特にエンジニア採用を始めるにあたって本書を手にとっていただいたような方には参加いただく価値があると思います。法人研修を用意しているスクールもありますので、採用担当チームでカリキュラムについて相談してみるのも良いかもしれません。

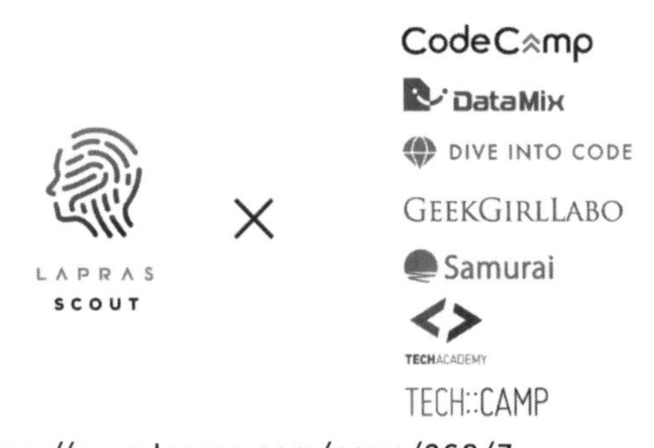

出典：https://corp.lapras.com/news/268/7

図6-1 「人事向けエンジニアリング勉強会」を共同開催したプログラミングスクール

- CodeCamp（https://codecamp.jp/）

CodeCampは現役エンジニアのマンツーマンレッスンによるオンラインプログ

ラミングスクールです。法人研修なども用意されています。また初学者向けのメディア「CodeCampus」（https://blog.codecamp.jp/）も運営しており、こちらも学習に利用できます。

- データミックス（https://datamix.co.jp/）

株式会社データミックスはデータサイエンスの教育を行うベンチャー企業で、複数の講座を開講しています。統計学や機械学習といった分野について学ぶことができます。企業研修やeラーニングも提供しており、特にデータサイエンティストの採用担当者にお勧めです。

- GeekGirlLabo（http://geekgirl-labo.com/）

GeekGirlLaboは女性の自立のために作られたスクールで、通信教育によって好きな時間や場所を選んで学べます。受託開発を10年経験した会社が作ったこともあり、より現場感の強いカリキュラムが特徴で、現役エンジニアによる丁寧なマンツーマン指導で学ぶことができます。

- DIVE INTO CODE（https://diveintocode.jp/）

DIVE INTO CODEはWebエンジニアコースと機械学習エンジニアコースがあるITエンジニア育成スクールです。2019年10月より非エンジニア層向けにチーム開発講座とPython道場の提供を開始したようです。

- TechAcademy（https://techacademy.jp/）

TechAcademyはキラメックス株式会社の運営するプログラミングオンラインスクールです。メンターによる手厚いサポートと独自の学習システムによって短期間で充実した学習ができます。

- TECH CAMP（https://tech-camp.in/）

TECH CAMPは株式会社divが運営するエンジニア育成スクールです。未経験からプロのエンジニアを育成する「TECH CAMP」は日本最大級の規模で、エンジニアへの転職成功率も非常に高いとのことですので、安心して受講することができるでしょう。

• 侍エンジニア塾（https://www.sejuku.net/）

侍エンジニア塾はマンツーマンで指導が受けられるプログラミング指導塾です。一人ひとりの目的に沿った講師とカリキュラムが提供されているため、たとえば採用業務で活かすという設定でレッスンを受けてみるのも良いかもしれません。また、「侍エンジニア塾ブログ」（https://www.sejuku.net/blog/）では技術用語がわかりやすく解説されています。

Memo

人事エンジニアリング勉強会の資料

手前味噌ですが、私が公開した勉強会資料です。本書の内容のもとになったものです。pdfだけでなくPowerPointやKeynoteのファイルもダウンロードすることができますので、必要な内容を抜き出したものに自社のエンジニアへのヒアリング内容などを加えて、あなた専用のオリジナルの資料を作るのも良いと思います。社内の研修のための資料として活用するのもお勧めです。そして、社内外問わずエンジニアリングに関する学習の輪を広げてもらえるとうれしいです。

資料はこちらにまとめています。

https://note.mu/yugonakashima/n/n028f40f605c0/

>オンライン学習系

昨今ではオンラインでの学習環境が整ってきており、初学者向けのコンテンツも非常に多くなりました。オンラインであれば移動中に「ながら学習」をしたり、すきま時間に少しだけ学習したりすることもできます。ぜひ積極的に利用してみてください。

• Udemy（https://www.udemy.com/ja/）

Udemyは、オンラインの動画学習サービスです。プログラミングだけでなくデータサイエンスやデザインなど多岐にわたる講座の動画があります。まだまだ日本語のコンテンツは少ないながらも、密度の濃い長時間の講座動画をお手頃な金額で学ぶことができます。

• Aidemy（https://aidemy.net/）
人工知能や機械学習に特化したオンライン学習サービスです。Pythonの入門からKerasやTensorFlow、scikit-learnなどのライブラリ・フレームワークによる機械学習が学べます。

• Progate（https://prog-8.com/）
Progateはオンラインのプログラミング学習サービスです。初学者でも学びやすくプログラミング学習に非常にお勧めです。本書でHTMLやJavaScriptというプログラミング言語の概念を理解した後に利用してみるときっと理解が深まるはずです。

おわりに

本書は、エンジニア採用を担当する非エンジニアの方向けに、「採用のためのエンジニアリング知識」を定義し、多くの技術用語を解説してきました。

第1章ではエンジニアの採用に携わる採用担当者がなぜエンジニアリングの知識を学習すべきなのかという前提を述べました。第2章から第4章にかけてはWebアプリケーションの構造・職種・開発工程という3つの側面から、エンジニアリングに関する単語を整理して解説し、第5章・第6章では実務への応用方法と学習を継続する方法をお伝えしました。

冒頭でも述べた通り、採用担当者がエンジニアリングを学習したいというニーズが高まっているものの、そのニーズに応えられる学習コンテンツは非常に少ないです。本書でエンジニアリング知識を身に付けていただいた方はぜひ、エンジニアリングを学習した際のご自身の経験や、学んだ内容を再加工した情報をTwitterやnoteなどでアウトプットしていただけるとうれしいです。なぜなら、

- あなたのアウトプットは誰かのインプットになります
- アウトプットで一番学びが進むのはあなた自身です
- もしかするとある種の採用広報として働いて、候補者にも届くかもしれません

最後に、あなたが採用を成功させたいのは、仕事だからではなく、あなた自身が自分の会社のことが大好きで、同じ思いの仲間に入ってほしいからだと思います。そんな素晴らしい環境にマッチするエンジニアを一人でも多く見つけ、候補者にとっても、会社にとっても良い出会いをたくさん作ってください。

本書がそんな素晴らしい出会いのきっかけのひとつになることを祈っています。

2020年4月　著者を代表して　中島 佑悟

索引

> アルファベット

AIエンジニア 101
Amazon EC2 77
Amazon RDS 77
Amazon S3 77
Android 74
Angular 59
Ansible 138
Apache 35
AR・VRエンジニア 102
ATS 12
AWS 77
Backlog 134
C 44
C# 48
C++ 48
CakePHP 60
Cassandra 69
CD 136
CentOS 73
Chef 138
CI 136
CircleCI 136
CRM 13
CSS 40, 42
CTO 108
CX 14
DDD 130
Django 61
Docker 79
Eclipse 141
Elasticsearch 80
Emacs 141
Flask 61
Fluentd 139
FTP 33
GCP 78
Git 133
GitHub 134
Go 47
HTML 35, 40, 41
HTTP 33
HTTPS 33
IaC 137
IDE 140
Infrastructure as Code 137
IntelliJ IDEA 141
iOS 74
ITベンダー 91
Java 45
JavaScript 40, 43
Jenkins 136
JIRA Software 134
jQuery 58
Kibana 80
Kotlin 48

Kubernetes 79
Laravel 60
Linux 73
macOS 72
Microsoft Azure 78
MongoDB 69
MySQL 67
nginx 35
Node.js 43
NoSQL 68
note 182
Nuxt.js 59
Objective-C 49
Oracle Database 67
OS 35, 71, 74
OSS 71, 143
Perl 47
PHP 45
Play Framework 60
PostgreSQL 67
Puppet 138
Python 46
QAエンジニア 100
Qiita 180
R 50
RDBMS 67
React 58
React Native 61
Redis 69
Redmine 134
Redux 59
Ruby 46
Ruby on Rails 60
Scala 46
SIer 91
Speaker Deck 183
Spring Framework 60
SQL 50
SQLite 68
SRE 97
SSH 33
SVN 133
Swift 49
TCP 33
TDD 130
TensorFlow 61
Terraform 138
Trello 134
Twitter 182
Twitter採用 182
TypeScript 43
Ubuntu 73
Unity 62
Unix 73
Vagrant 79
Vim 141
Visual Studio Code 141
VPoE 109
Vue.js 59
Webアプリケーション 28, 31
Webアプリケーションサーバー 33
Windows 72
XCode 141
Zabbix 139

ZenHub 134

> あ行

アーキテクチャ 84
アーキテクト 107
アジャイル 127
アプリケーション 28
インフラ 35, 75
インフラエンジニア 97
ウォーターフォール 126
受入テスト 123
エキスパート 108
エディタ 140
エンジニアリングマネージャー 107
オープンソースソフトウェア 71, 143
オニオンアーキテクチャ 130
オンプレミス 75, 80
オンライン学習 186

> か行

開発工程 118
開発手法 126
拡張性 145
仮想化 81
下流工程 118
「枯れた」技術 83
関係データベース管理システム 67
機械学習エンジニア 101
企画・課題発生 119
技術的負債 146
組み込みエンジニア 98
クライアントサイド 31, 40, 44
クラウド 75, 80
クリーンアーキテクチャ 130
ゲームエンジニア 101
結合テスト 123
公開 124

> さ行

サーバーサイド 31
サーバーサイドエンジニア 95
採用CX 14
システムテスト 123
実装 123
上流工程 118
スクラム 127
スクラムマスター 107
スペシャリスト 108
スループット 145
セキュリティエンジニア 99
セクレタリー 154
設計 122
ソーシャルリクルーティング 11

> た行

単体テスト 123
データサイエンティスト 101
データベース 35, 66, 69
データベースエンジニア 96
データベースサーバー 35
手順書 137
デスクトップアプリケーション 29
テスト 123

テスト駆動開発 …… 130
テックリード …… 108
デバイス …… 35
デプロイ …… 124
統合開発環境 …… 139
ドメイン駆動設計 …… 130

> な行・は行

ネットワークエンジニア …… 99
バージョン …… 83
バージョン管理システム …… 132
パートナー …… 157
はてなブログ …… 181
パブリッククラウドサービス …… 76
ブラウザ …… 33
フルスタックエンジニア …… 103
フレームワーク …… 57, 62
プログラミング言語 …… 38, 51
プログラミングスクール …… 184
プロジェクト管理 …… 134
プロジェクトマネージャー …… 106
プロジェクトリーダー …… 106
プロダクトオーナー …… 107
プロダクトマネージャー …… 105
ブロックチェーンエンジニア …… 102
プロトコル …… 33
プロフェッショナル …… 160
フロントエンド …… 40
フロントエンドエンジニア …… 94
ヘキサゴナルアーキテクチャ …… 130
保守・運用 …… 124
保守契約 …… 124

> ま行・や行

モバイルアプリ …… 29
モバイルエンジニア …… 98
要件定義 …… 120
要件定義書 …… 120

> ら行・わ行

ライブラリ …… 57, 62
リードエンジニア …… 108
リクエスト …… 32
リサーチャー …… 101
リファクタリング …… 147
レイヤードアーキテクチャ …… 130
レスポンス …… 32, 145
ワーカー …… 153

> 執筆者一覧

中島 佑悟（なかしま ゆうご）

LAPRAS株式会社のマーケティング・セールスマネージャー。
新卒でトレンダーズ株式会社に入社。営業を主軸にPRから人事まで幅広い業務を経験。
並行して複数社の商品企画、業務設計支援を業務委託にて行う。
受注要因をモデル化した統計解析や、Python/GASを利用した業務改善が得意領域。

高濱 隆輔（たかはま りゅうすけ）

LAPRAS株式会社のプロダクトマネージャー。
京都大学工学部情報学科を卒業後、京都大学大学院情報学研究科にて修士号を取得。
新卒で株式会社リクルートライフスタイルにデータサイエンティストとして入社。2017年にLAPRAS株式会社（旧名・株式会社scouty）に入社。
大学・大学院・LAPRASでの研究は、それぞれ機械学習や人工知能の最も権威ある国際会議であるIJCAI、AAAI、ICMLに採択される。
現在はLAPRAS株式会社でプロダクトマネージャーとしてプロダクト開発に携わるほか、他数社で人事制度に関するコンサルティングやプロダクト開発の顧問業を行っている。

千田 和央（ちだ かずひろ）

LAPRAS株式会社の人事責任者。
株式会社リクルートキャリア（旧名・株式会社リクルートエージェント）や株式会社ドワンゴの採用責任者を経て、現職まで一貫してエンジニアの採用や組織作りに約10年間従事。
兼業でスタートアップや上場企業の制度設計、採用コンサルなどにも携わる。エンジニア採用の学習プロジェクトEngineer's Recruiting主催。

装丁・本文デザイン　山之口正和（OKIKATA）
DTP　BUCH+

作るもの・作る人・作り方から学ぶ
採用・人事担当者のためのIT（アイティ）エンジニアリングの基本がわかる本

2020年4月16日　初版第1刷発行

著　　者　中島（なかしま） 佑悟（ゆうご）・高濱（たかはま） 隆輔（りゅうすけ）・千田（ちだ） 和央（かずひろ）
発 行 人　佐々木 幹夫
発 行 所　株式会社 翔泳社（https://www.shoeisha.co.jp）
印刷・製本　凸版印刷 株式会社

本書へのお問い合わせについては、iiページに記載の内容をお読みください。
落丁・乱丁はお取り替え致します。03-5362-3705までご連絡ください。

ISBN978-4-7981-6531-8　Printed in Japan